全国技工院校机械类专业通用教材（高级技能层级）

高级钳工工艺
与技能训练
（第三版）

人力资源社会保障部教材办公室组织编写

U0306761

中国劳动社会保障出版社

简介

本书主要内容包括：钳工概述、钳工基本操作、常用机构装配、车床总装配等。

本书由秦荣建担任主编，麻艳、苑海涛、徐建垒、刘静、司鹏飞、李书伟参加编写。

图书在版编目（CIP）数据

高级钳工工艺与技能训练／人力资源社会保障部教材办公室组织编写. -- 3 版. -- 北京：
中国劳动社会保障出版社，2020

全国技工院校机械类专业通用教材. 高级技能层级

ISBN 978 - 7 - 5167 - 4426 - 0

Ⅰ.①高…　Ⅱ.①人…　Ⅲ.①钳工–技工学校–教材　Ⅳ.①TG9

中国版本图书馆 CIP 数据核字（2020）第 200686 号

中国劳动社会保障出版社出版发行

（北京市惠新东街 1 号　邮政编码：100029）

*

北京市艺辉印刷有限公司印刷装订　　新华书店经销

787 毫米×1092 毫米　16 开本　16.5 印张　380 千字

2020 年 11 月第 3 版　　2022 年 8 月第 3 次印刷

定价：33.00 元

读者服务部电话：（010）64929211/84209101/64921644

营销中心电话：（010）64962347

出版社网址：http://www.class.com.cn

http://jg.class.com.cn

前　言

为了更好地适应全国技工院校机械类专业的教学要求，全面提升教学质量，人力资源社会保障部教材办公室组织有关学校的一线教师和行业、企业专家，在充分调研企业生产和学校教学情况、广泛听取教师对教材使用反馈意见的基础上，对全国高级技工学校机械类专业通用教材进行了修订。本次修订后出版的教材包括：《机械制图（第四版）》《机械基础（第二版）》《机构与零件（第四版）》《机械制造工艺学（第二版）》《机械制造工艺与装备（第三版）》《金属材料及热处理（第二版）》《极限配合与技术测量（第五版）》《电工学（第二版）》《工程力学（第二版）》《数控加工基础（第二版）》《液压传动与气动技术（第二版）》《液压技术（第四版）》《机床电气控制（第三版）》《金属切削原理与刀具（第五版）》《机床夹具（第五版）》《金属切削机床（第二版）》《高级车工工艺与技能训练（第三版）》《高级钳工工艺与技能训练（第三版）》《高级焊工工艺与技能训练（第三版）》等。

本次教材修订工作的重点主要体现在以下几个方面：

第一，更新教材内容，体现时代发展。

根据机械类专业毕业生所从事岗位的实际需要和教学实际情况的变化，合理确定学生应具备的能力与知识结构，对部分教材内容及其深度、难度做了适当调整；根据相关专业领域的最新发展，在教材中充实新知识、新技术、新设备、新材料等方面的内容，体现教材的先进性；采用最新国家技术标准，使教材更加科学和规范。

第二，提升表现形式，激发学习兴趣。

在教材内容的呈现形式上，较多地利用图片、实物照片和表格等形式将知识点生动地展示出来，尤其是在《机械基础（第二版)》《机床夹具（第五版)》等教材插图的制作中全面采用了立体造型技术，力求让学生更直观地理解和掌握所学内容。针对不同的知识点，设计了许多贴近实际的互动栏目，在激发学生学习兴趣和自主学习积极性的同时，使教材"易教易学，易懂易用"。

第三，开发配套资源，提供教学服务。

本套教材配有习题册和方便教师上课使用的多媒体电子课件，可以通过技工教育网（http：//jg. class. com. cn）下载电子课件等教学资源。另外，在部分教材中使用了二维码技术，针对教材中的教学重点和难点制作了动画、视频、微课等多媒体资源，学生使用移动终端扫描二维码即可在线观看相应内容。

本次教材的修订工作得到了河北、辽宁、江苏、山东、河南、湖南、广东等省人力资源社会保障厅及有关学校的大力支持，在此我们表示诚挚的谢意。

人力资源社会保障部教材办公室

2018 年 8 月

目　录

模块一　钳工概述

1. 了解钳工的主要任务
2. 明确钳工的种类及操作技能，了解钳工常用设备
3. 掌握钳工的安全操作规程

随着机械制造业的日益发展，许多繁重的手工加工已被机械加工所代替，但是对于精度高、形状复杂零件的加工，以及设备安装调试和维修用机械是难以完成的工作，仍需由钳工完成。因此，钳工是机械制造业中不可缺少的工种。

一、钳工工作主要任务与内容

钳工的主要工作是在用机械加工方法难以解决问题的场合，对零件进行装配、修整、加工。其特点是灵活性强、工作范围广、技术要求高，操作者的技能水平直接影响产品质量。

1. 钳工工作主要任务

（1）加工零件。一些采用机械方法不适宜或不能解决的加工，都可由钳工来完成，如零件加工过程中的划线、精密加工（如刮削、研磨、锉削样板和制作模具等）以及检验和修配等。

（2）装配。把零件按机械设备的装配技术要求进行组件、部件装配和总装配，并经过调整、检验和试车等，使之成为合格的机械设备。

（3）设备维修。当机械设备在使用过程中产生故障、出现损坏或精度降低而影响使用时，也要通过钳工进行维护和修理。

（4）工具的制造和修理。制造和修理各种工具、夹具、量具、模具及各种专用设备。

2. 钳工工作主要内容

作为钳工必须掌握本工种的各项基本操作技能，其工作主要内容有划线、錾削、锯削、锉削、钻孔、扩孔、锪孔、铰孔、攻螺纹、套螺纹、矫正与弯形、铆接、刮削、研磨、机器装配调试、设备维修、测量和简单热处理等。

二、钳工工作场地

钳工工作场地是指钳工的固定工作地点，如图1-1所示。为工作方便、保证产品质量和安全生产，钳工工作场地布局一定要合理，符合安全文明生产的要求。

图1-1 钳工工作场地

1. 合理布局主要设备

钳工工作台（钳台）应安放在光线适宜、工作方便的位置。面对面使用钳工工作台时，应在两个工作台中间安装安全防护网。砂轮机、钻床应设置在场地的边缘，尤其是砂轮机一定要安装在安全可靠的位置。

2. 正确摆放毛坯和工件

毛坯和工件分别摆放整齐，并尽量放在工件搁架上，以免磕碰损坏。

3. 合理摆放工具和量具（见图1-2）

常用工具、量具应放在工作位置附近，不能随意堆放，以免碰坏。在钳台上工作时，为了方便，左手取用的工具、量具应放在台虎钳的左侧，反之，放在右侧。各自排列整齐，不

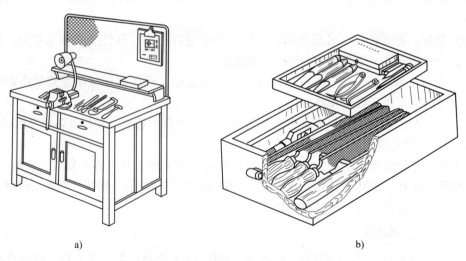

a)   b)

图1-2 合理摆放工具和量具

a）在工作台上摆放　b）在工具箱内摆放

能把工具、量具、工件混放，也不能使其伸到钳台边以外。工具、量具用后应及时清理、维护和保养，并且妥善放置。

4. 工作场地应保持清洁

完工后应按要求对设备进行清理、润滑，并把工作场地打扫干净。

三、钳工基本操作常用工具、量具

钳工常用工具有划线用的划针、划线盘、划规、样板和平板，錾削用的锤子和錾子，锉削用的各种锉刀，锯削用的锯弓、锯条，孔加工用的各类钻头、锪钻、铰刀，攻螺纹、套螺纹用的各种丝锥、板牙和铰杠，刮削用的平面刮刀和曲面刮刀以及各种扳手和旋具。

常用量具有钢直尺、刀口形直尺、游标卡尺、千分尺、直角尺、万能角度尺、塞尺、百分表等。

四、钳工安全操作规程

1. 工作前，必须穿戴好工作服、工作帽和其他防护用具。

2. 工作前，必须检查工具是否齐全、完整，锉刀、刮刀、锤子的手把应牢固，冲子、錾子等工具的锤击处不准有淬火裂纹、卷边和毛刺。

3. 使用锤子时，应选择好挥动方向，以防锤头脱落，在錾切工件时，对面不准站人，固定操作处应设防护网，握锤的手不准戴手套。

4. 使用手电钻、手砂轮等手提电动工具时，脚应踏在绝缘板上，并戴好绝缘手套和防护眼镜。

5. 使用手砂轮、软轴砂轮前，必须仔细检查砂轮是否完好，是否漏电，不准漏电操作，并一定要等砂轮正常运转后才可使用。

6. 在钻床上钻孔时，严禁戴手套操作，不准用手抚或嘴吹等方法清除切屑。

7. 在拆卸和调试设备前，必须切断电源，如果设备上的安全装置未修好，严禁试车；在装配或调试设备后，必须认真检查，不准将工具或工件遗留在设备内，以防发生事故。

8. 合理使用工具、卡具、量具，不准混放。

9. 使用砂轮、钻床、焊机和起重设备时，必须熟悉并严格遵守其操作规程。

模块二 钳工基本操作

课题 1　平面划线

学习目标

1. 正确使用平面划线工具
2. 掌握平面划线基准的选择
3. 掌握典型零件的平面划线

学习任务

用划线工具在划线平台上对如图 2－1 所示工件进行平面划线。

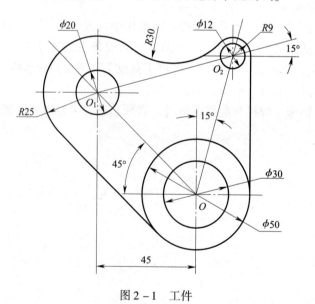

图 2－1　工件

　　该工件是以两条互相垂直的中心线为划线基准的零件，在划线时应尽量使划线基准与设计基准重合一致，以减少换算过程，提高划线精度。划线时圆心位置应准确，圆弧与圆弧、圆弧与直线相切处要光滑。

相关知识

划线是指在毛坯或工件上，用划线工具划出待加工部位的轮廓线或作为基准的点和线，这些点和线标明了工件某部分的形状、尺寸或特性，并确定了加工的尺寸界线。

只需要在工件的一个表面上划线即能明确表示加工界线的，称为平面划线。

一、平面划线工具及使用方法

1. 钢直尺

钢直尺是一种简单的测量工具和划线的导向工具，其规格有 30 mm、150 mm、500 mm、1 000 mm 等几种。钢直尺的使用方法如图 2 - 2 所示。

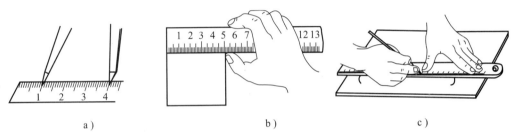

图 2 - 2　钢直尺的使用方法

a）量取尺寸　b）测量尺寸　c）划直线

2. 划线平台（见图 2 - 3）

划线平台（又称划线平板）是用铸铁毛坯精刨或刮削制成的，其用途是安放工件和划线工具，并在其工作面上完成划线及检测过程。

3. 划针（见图 2 - 4）

划针用来在工件上划线条，由高速钢或弹簧钢制成，直径一般为 3 ~ 5 mm，长度为 200 ~ 300 mm，尖端磨成 15° ~ 20° 的尖角，并经淬火硬化。

图 2 - 3　划线平台

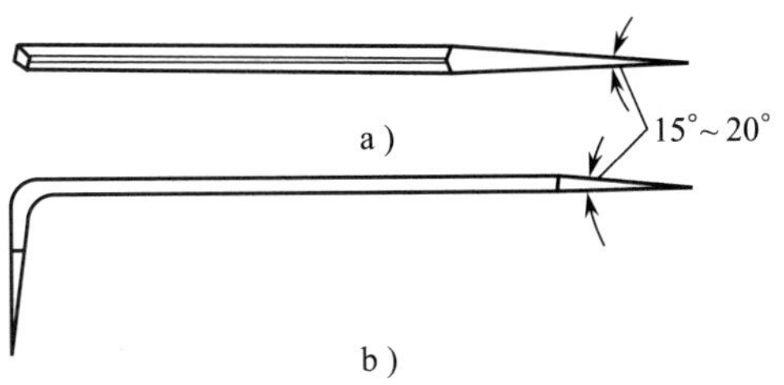

图 2 - 4　划针

a）高速钢直划针　b）弹簧钢弯头划针

在用钢直尺和划针划两点的连接直线时，应先用划针和钢直尺定好一点的位置，然后调整钢直尺使之与另一点的位置对准，再划出两点的连接直线。划线时针尖要紧靠导向工具的边缘，上部向外侧倾斜 15° ~ 20°，向划线移动方向倾斜 45° ~ 75°，划针的用法如图 2 - 5 所示。针尖要保持尖锐，划线要尽量一次完成，使划出的线条既清晰又准确。不用时，划针不能插在衣袋中，必须套上塑料管存放。

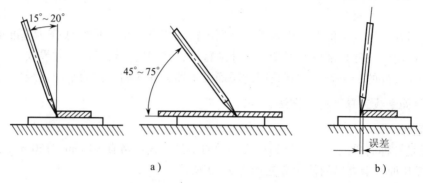

图 2-5　划针的用法
a）正确　b）错误

4. 直角尺（见图 2-6a）

直角尺是钳工常用的工具，常用作划平行线（见图 2-6b）或划垂直线（见图 2-6c）的导向工具，也可用来找正工件在划线平台上的垂直位置。

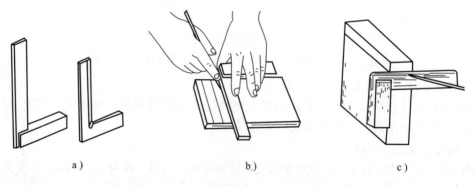

图 2-6　直角尺及其使用
a）直角尺　b）划平行线　c）划垂直线

5. 划规（见图 2-7）

划规用来划圆和圆弧、等分线段、等分角度以及量取尺寸等。在滑杆上调整两个划规脚，即可得到所需的尺寸。

使用时，划规两脚的长短要磨得稍有不同，而且两脚合拢时脚尖能靠紧，这样才可划出尺寸较小的圆弧；划规的脚尖应保持尖锐，以保证划出的线条清晰；用划规划圆（见图 2-8）时，作为旋转中心的一脚应加以较大的压力，另一脚则以较轻的压力在工件表面上划出圆或圆弧，以避免中心滑动。

6. 样冲（见图 2-9a）

样冲用于在工件所划加工线条上打样冲眼（冲点），作为加强界限标志或作为划圆弧和钻孔时的定位中心（也称中心样冲眼）。

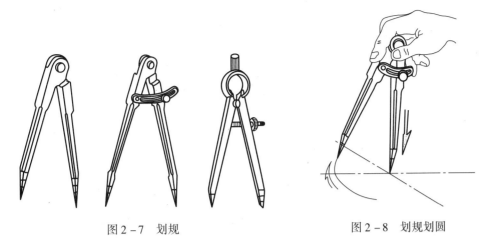

图 2－7 划规　　　　　　　　　图 2－8 划规划圆

打样冲眼时，样冲向外倾斜（见图 2－9b），使样冲尖端对正线的中部，然后直立样冲，用小锤子打击样冲顶部（见图 2－9c）。冲点的深浅要适当，对薄壁零件要轻打，粗糙表面要重打，精加工过的表面禁止打样冲眼。

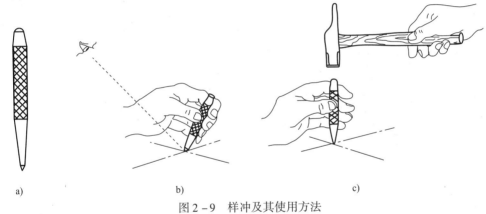

a)　　　　　　　　　b)　　　　　　　　　c)

图 2－9 样冲及其使用方法

a）样冲　b）样冲向外倾斜　c）用小锤子打击样冲顶部

如图 2－10 所示，打样冲眼时，位置要准确，冲点不可偏离线条。在曲线上冲点距离要小一些，如直径小于 20 mm 的圆周线上应有 4 个冲点，而直径大于 20 mm 的圆周线上应有 8 个

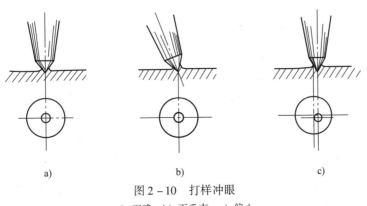

a)　　　　　　　　　b)　　　　　　　　　c)

图 2－10 打样冲眼

a）正确　b）不垂直　c）偏心

以上冲点；在直线上冲点距离可大一些，但短直线至少有 3 个冲点；在线条的交叉转折处必须冲点。

7. 划线盘（见图 2 - 11a）

用划线盘对工件划线（见图 2 - 11b）或用划线盘找正工件的正确安放位置（见图 2 - 11c）。一般情况下，划针的直头端用于划线，弯头端用于对工件安放位置的找正。

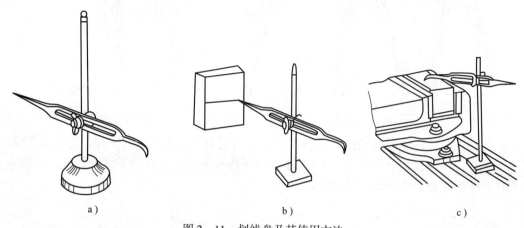

a)   b)   c)

图 2 - 11　划线盘及其使用方法

a）划线盘　b）用划线盘对工件划线　c）用划线盘找正工件的正确安放位置

8. 游标高度尺（见图 2 - 12a）

游标高度尺是一种既能划线又能测量的工具。它附有划线脚，能直接表示出高度尺寸，其读数精度一般为 0.02 mm，可作为精密划线工具。其使用方法如图 2 - 12b 所示。

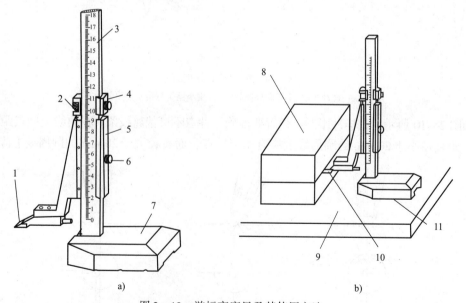

a)   b)

图 2 - 12　游标高度尺及其使用方法

a）游标高度尺　b）游标高度尺使用方法

1—量爪　2—微调螺母　3—尺身　4—微调装置　5—游标　6—紧固螺钉

7—底座　8—工件　9—划线平台　10—划线刃口　11—划线基准

使用前，应将划线刃口平面下落，使之与底座工作面平行，再看尺身零线与游标零线是否对齐，零线对齐后方可划线。游标高度尺的校准可在精密平板上进行。

二、基本线条的划法（见表 2 – 1）

表 2 – 1　　　　　　　　　　　　　　　　基本线条的划法

划线要求	图示	划线方法
将线段 AB 5 等分（或若干等分）	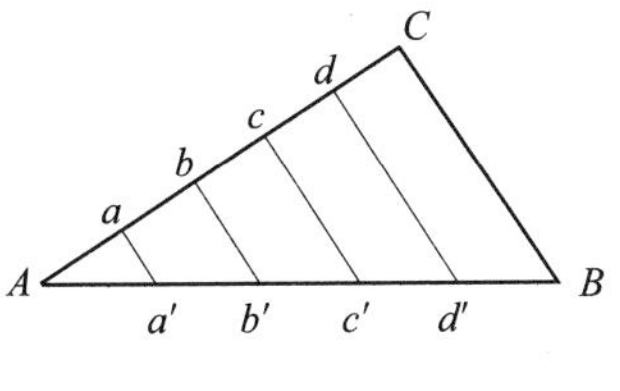	1. 由点 A 作一射线并与已知线段 AB 成某一角度 2. 在射线上任意截取 5 个等分点 a、b、c、d、C 3. 连接 BC，并过点 a、b、c、d 分别作线段 BC 的平行线，与 AB 的交点即为线段 AB 的 5 等分点
作与线段 AB 距离为 R 的平行线	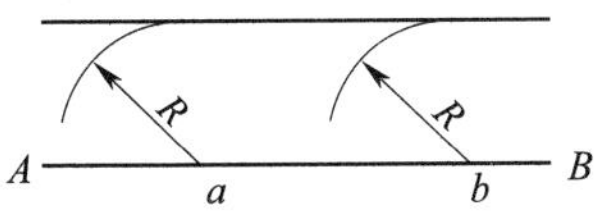	1. 在已知线段上任取两点 a 和 b 2. 分别以点 a 和 b 为圆心，R 为半径，在同侧作圆弧 3. 作两圆弧的公切线，即为所求的平行线
过线外一点 P，作线段 AB 的平行线	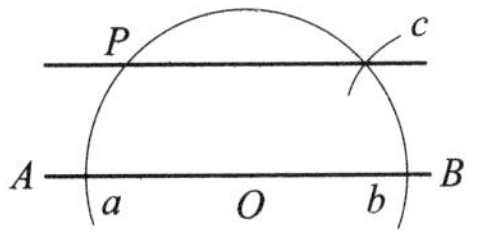	1. 在线段 AB 上取一点 O 2. 以点 O 为圆心，OP 为半径作圆弧，交线段 AB 于点 a、点 b 3. 以点 b 为圆心，aP 为半径作圆弧，交圆弧 ab 于点 c 4. 连接 Pc，即为所求的平行线
过已知线段 AB 的端点 B 作垂直线段	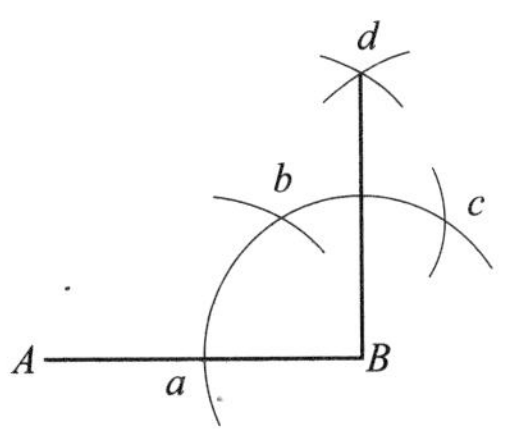	1. 以点 B 为圆心，一定长度为半径作圆弧，交线段 AB 于点 a 2. 以点 a 为圆心，Ba 为半径作圆弧，求得 b，以点 b 为圆心，Ba 为半径作圆弧，求得 c 3. 分别以点 b 和 c 为圆心，Ba 为半径作圆弧，交于点 d 4. 连接 Bd，即为所求垂直线段
作与两相交直线相切的圆弧	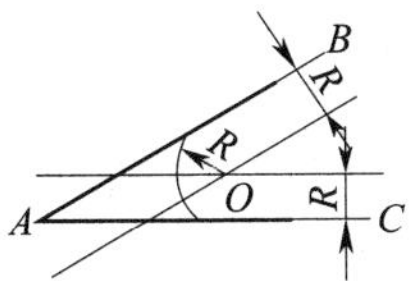	1. 在两相交直线的角度内，作与两直线相距为 R 的两条平行线，交于点 O 2. 以点 O 为圆心，R 为半径作圆弧

划线要求	图示	划线方法
作与两圆弧外切的圆弧	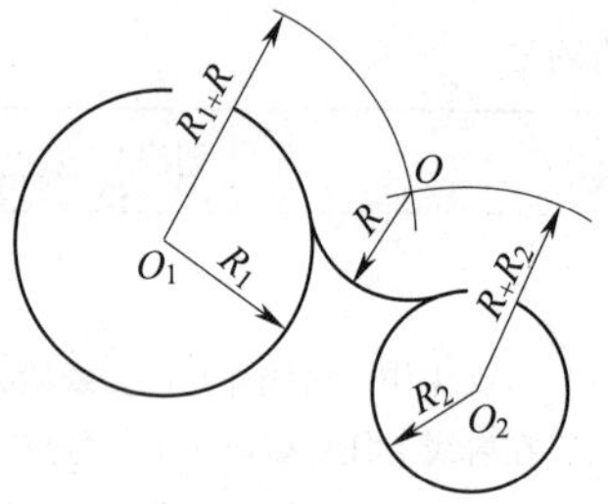	1. 分别以点 O_1 和点 O_2 为圆心，以 $R_1 + R$ 及 $R_2 + R$ 为半径作圆弧交于点 O 2. 以点 O 为圆心，R 为半径作圆弧
作与两圆弧内切的圆弧	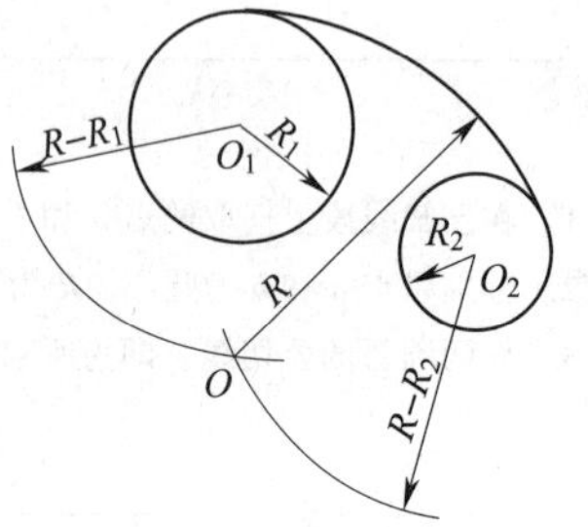	1. 分别以点 O_1 和点 O_2 为圆心，以 $R - R_1$ 及 $R - R_2$ 为半径作圆弧交于点 O 2. 以点 O 为圆心，R 为半径作圆弧
作与两圆弧分别内切、外切的圆弧	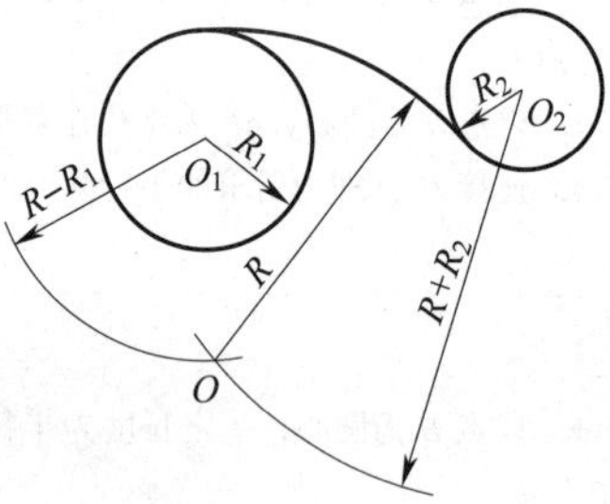	1. 分别以点 O_1 和点 O_2 为圆心，以 $R - R_1$ 及 $R + R_2$ 为半径作圆弧交于点 O 2. 以点 O 为圆心，R 为半径作圆弧

三、划线基准

基准就是工件上用来确定其他点、线、面位置所依据的点、线、面。设计时，在图样上选定的用来确定其他点、线、面位置的基准，称为设计基准。划线时，在工件上选定的用来确定其他点、线、面位置的基准，称为划线基准。划线应从划线基准开始，并尽可能使划线基准与设计基准相一致。划线基准一般有以下三种类型。

1. 以两个互相垂直的平面（或直线）为基准，如图 2 - 13a 所示。
2. 以两条互相垂直的中心线为基准，如图 2 - 13b 所示。
3. 以一个平面和一条中心线为基准，如图 2 - 13c 所示。

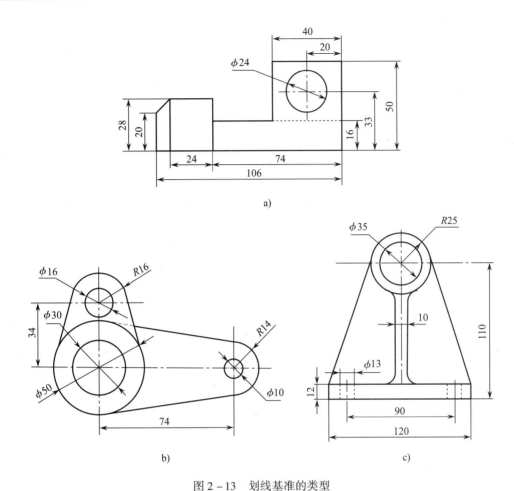

图 2 – 13　划线基准的类型

a) 以两个互相垂直的平面（或直线）为基准　b) 以两条互相垂直的中心线为基准

c) 以一个平面和一条中心线为基准

　　划线时，在工件的每一个方向都需要选择一个划线基准。因此，平面划线一般选择两个划线基准。

任务实施

一、准备工作

1. 材料：毛坯尺寸为 120 mm × 120 mm × 2 mm，Q235 钢板。

2. 看清、看懂图样（见图 2 – 1），了解工件上需要划线的部位，明确工件及其划线有关部分的作用和要求，了解有关的加工工艺。

3. 工件涂色

　　为了使划出的线条清晰，一般都要在工件的划线部位涂上一层薄而均匀的涂料。石灰水（常在其中加入适量的牛皮胶来增加附着力）一般用于表面粗糙的铸件、锻件毛坯上的划线；酒精色溶液（在酒精中加漆片和紫蓝颜料配成）用于已加工表面上的划线。无论用哪一种涂料，都要尽可能涂得薄而均匀，才能保证划线清楚。

4．选用工具：划线平板、钢直尺、划规、样冲、划针、直角尺、锤子等。

二、操作步骤

1．分析图样，确定 $\phi30\ mm$ 圆的水平和垂直中心线为划线基准，并根据划线基准和最大轮廓尺寸安排两基准线在工件上的合理位置，水平基准线距工件下边界 30 mm，垂直基准线距工件右边界 30 mm，划出两基准线相交于点 O，并在该点处打样冲眼，如图 2 - 14 所示。

2．以垂直中心线为划线基准，向左截取 45 mm 与水平中心线交于点 A，过该点作垂直于水平中心线的直线，再以水平中心线为划线基准划 45° 倾斜线并与刚才所作的垂直线相交于点 O_1，并打样冲眼，如图 2 - 15 所示。

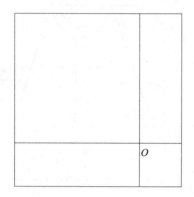

图 2 - 14　划线步骤一

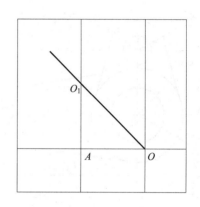

图 2 - 15　划线步骤二

3．过点 O_1 划水平中心线，再以 O_1 水平线为划线基准划 15° 倾斜线，以 O 垂直线为划线基准划 15° 倾斜线，两线相交于点 O_2，并打样冲眼，如图 2 - 16 所示。

4．以点 O 为圆心划 $\phi30\ mm$、$\phi50\ mm$ 的圆，以点 O_1 为圆心划 $\phi20\ mm$、$R25\ mm$ 的圆，以点 O_2 为圆心划 $\phi12\ mm$、$R9\ mm$ 的圆，如图 2 - 17 所示。

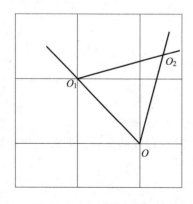

图 2 - 16　划线步骤三

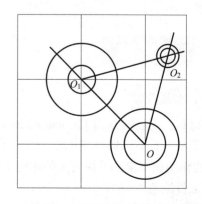

图 2 - 17　划线步骤四

5. 以点 O_1 为圆心，R（25 + 30）mm 为半径划弧，以点 O_2 为圆心、R（9 + 30）mm 为半径划弧，交点即为 R30 mm 圆弧的圆心，并打样冲眼，然后划各连接线，如图 2 - 18 所示。

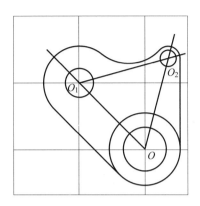

图 2 - 18　划线步骤五

6. 检查校对。

三、注意事项

1. 为熟悉各图形的作图方法，实习操作前可进行一次纸上练习。

2. 划线工具的使用方法及划线动作必须掌握正确。

3. 所划线条必须做到尺寸准确、线条清晰、粗细均匀，冲点准确合理、距离均匀。

4. 工具应合理放置：左手用的工具放在工件的左面，右手用的工具放在工件的右面，并要放整齐、放稳妥。

5. 任何工件在划线后，都必须进行复检校对工作，避免差错。

评分标准

序号	项目与技术要求	配分	评分标准	检测结果	得分
1	线条清晰均匀	20	线条不清晰或有重复线每处扣1分		
2	正确使用划线工具	10	发现一次不正确扣2分		
3	尺寸准确	20	每一处超差扣3分		
4	各圆弧连接圆滑	20	每处连接不好扣3分		
5	样冲眼分布合理	10	冲偏一处扣5分		
6	图形正确、布图合理	10	不合理每处扣3分		
7	安全文明操作	10	酌情扣分		

〔知识链接〕

分度头划线

分度头是铣床上等分圆周用的附件。钳工常用它来对中小型工件进行分度和划线。其优点是使用方便，精确度较高。

分度头型号是以主轴中心到底面的高度（mm）表示的。例如，FW125型万能分度头，其主轴中心到底面的高度为125 mm。常用万能分度头的型号有FW100、FW125和FW160等几种。

分度头的外形如图2-19所示，其主要由主轴、回转体、分度盘、手柄及底座等组成。

分度头的传动系统如图2-20所示。分度前应先将分度盘6固定（使之不能转动），再调整插销9，使它对准所选分度盘的孔圈。分度时先拔出插销9，转动分度手柄8，带动主轴转至所需要分度的位置，然后将插销9重新插入分度盘中。

图2-19　分度头的外形

1—手柄　2—插销　3—分度盘

4—回转体　5—主轴　6—底座

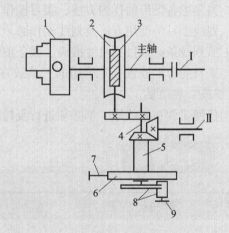

图2-20　分度头的传动系统

1—三爪自定心卡盘　2—蜗轮　3—单头蜗杆　4—心轴

5—套筒　6—分度盘　7—锁紧螺钉

8—分度手柄　9—插销

分度头的分度原理是：当分度手柄8转一周，单头蜗杆3也转一周，与蜗杆啮合的蜗轮2（40个齿）转一个齿，即转1/40周，被三爪自定心卡盘1夹持的工件也转1/40周。如果工件作 z 等分，则每次分度主轴应转 $1/z$ 周，故分度手柄8每次分度应转过的圈数为：

$$n = \frac{40}{z}$$

式中　n——分度手柄转数；

　　　z——工件的等分数。

例1　在工件某一圆周上划出均匀分布的 10 个孔，试求每划完一个孔的位置后，分度手柄应转几圈后再划第二个孔的位置？

解：

$$n = \frac{40}{z} = \frac{40}{10} = 4$$

即每划完一个孔的位置后，分度手柄应转过 4 圈再划第二个孔的位置。

例2　要将一圆盘端面 7 等分，求每划一条线后，分度手柄应转过几圈后再划第二条线？

解：

$$n = \frac{40}{z} = \frac{40}{7} = 5\frac{5}{7}$$

由此可见，分度手柄的转数，有时不是整数。要使手柄精确地转过 5/7 周，这时就需要利用分度盘进行分度。根据分度盘各孔圈的孔数（见表 2 -2），将分子、分母同时扩大相同的倍数，使扩大后的分母数与分度盘某一孔圈的孔数相同，则扩大后的分子数就是分度手柄在该圈上应转过的孔数。根据表 2 -2，将"5/7"的分母、分子同时扩大相同的倍数，则分度手柄的转数有多种选择：

$$n = \frac{40}{7} = 5\frac{5}{7} = 5\frac{20}{28} = 5\frac{30}{42} = 5\frac{35}{49}$$

表 2 -2　　　　　　　　　　　　　分度盘各孔圈的孔数

分度头形式	分度盘的孔数
带一块分度盘	正面：24，25，28，30，34，37，38，39，41，42，43
	反面：46，47，49，51，53，54，57，58，59，62，66
带两块分度盘	第一块 正面：24，25，28，30，34，37 反面：38，39，41，42，43 第二块 正面：46，47，49，51，53，54 反面：57，58，59，62，66

一般情况下，应尽可能选用孔数较多的孔圈，因为孔数较多的孔圈离轴心较远，摇动比较方便，准确度也比较高。此例选用49孔的孔圈进行分度，则分度手柄应在49孔的孔圈上转5圈后再转35个孔。

用分度盘分度时，为使分度准确而迅速，避免每分度一次要数一次孔数，可利用安装在分度头上的分度叉进行计数。分度时，应先按分度的孔数调整好分度叉，再转动手柄。如图2-21所示为分度叉的结构及每次分度转8个孔距的情况。

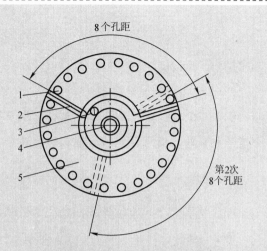

图2-21　分度叉的结构及每次
分度转8个孔距的情况

1—插销孔　2—分度叉　3—紧固螺钉
4—心轴　5—分度盘

课题2　立体划线

学习目标

1. 正确使用、合理选用立体划线工具
2. 掌握立体划线时的找正、借料和基准的选择
3. 掌握典型零件的划线步骤及方法

学习任务

用划线工具在划线平台上对如图2-22所示的轴承座进行立体划线。

轴承座需要加工的部位有底面、轴承座内孔及端面、顶部孔及端面、两螺栓孔及孔口锪平。为保证各加工面有足够的加工余量，机加工后符合要求，一般在机加工前需要通过找正或借料的方法来完成划线工作。工件的加工面共有三个，工件需要三次安放才能划完全部线条，使机加工有明确的加工界线。

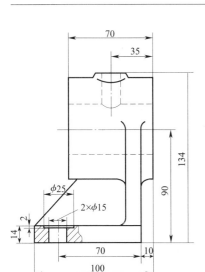
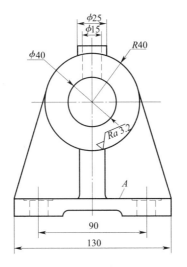

图 2 - 22　轴承座

相关知识

一、立体划线工具

1. 方箱（见图 2 - 23）

用于夹持工件并能翻转位置而划出垂直线，一般附有夹持装置和制有 V 形槽。

2. V 形架（见图 2 - 24）

通常是两个 V 形架一起使用，用来安放圆柱形工件，划出中心线、找出中心等。

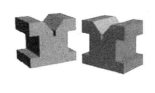

图 2 - 23　方箱　　　　　　　　图 2 - 24　V 形架

3. 直角铁（见图 2 - 25）

可将工件夹在直角铁的垂直面上划线。

4. 千斤顶（见图 2 - 26）

通常是三个一组，用于支撑不规则的工件，其支撑高度可做一定调整。

图2－25　直角铁

图2－26　千斤顶

5. 垫铁（见图2－27）

用于支撑毛坯工件，使用方便，但只能做少量的高度调节。

图2－27　垫铁

二、找正

对于毛坯工件，划线前一般要先做好找正工作。找正就是利用划线工具使工件上有关的表面与基准面（如划线平台）之间处于合适的位置。找正时应注意以下问题。

1. 当工件上有不加工表面时，应按不加工表面找正后再划线，这样可使加工表面与不加工表面之间保持尺寸均匀。如图2－28所示为轴承架毛坯的找正，其内孔和外圆不同心，底面和A面不平行，划线前应找正，在划内孔加工线之前，应先以外圆（不加工）为找正依据，用单脚规找出其中心，然后按找出的中心划出内孔的加工线，这样内孔和外圆就可达到同心要求。在划轴承座底面之前，应以A面（不加工）为依据，用划线盘找正成水平位置，然后划出底面加工线，这样底座各处的厚度就比较均匀。

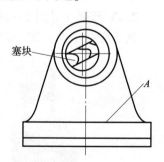

图2－28　轴承架毛坯的找正

2. 当工件上有两个以上的不加工表面时，应选重要的或较大的表面为找正依据，并兼顾其他不加工表面，这样可使划线后的加工表面与不加工表面之间的尺寸比较均匀，使误差集中到次要或不明显的部位。

3. 当工件上没有不加工表面时，通过对各加工表面自身位置的找正后再划线，可使各加工表面的加工余量得到合理分配，避免加工余量相差悬殊。

由于毛坯各表面的误差和工件结构形状不同，划线时的找正要按工件的实际情况进行。

三、借料

当工件毛坯的位置、形状或尺寸存在误差或缺陷，用划线找正的方法不能补救时，可采用借料的方法来解决。

借料就是通过试划和调整，将工件各部分的加工余量在允许的范围内重新分配，互相借用，以保证各个加工表面都有足够的加工余量，在加工后排除工件自身的误差或缺陷。借料的一般步骤是：

1. 测量工件各部分尺寸，找出偏移的位置和测出偏移量的大小。

2. 合理分配各部位加工余量，根据工件的偏移方向和偏移量，确定借料的方向和大小，划出基准线。

3. 以基准线为依据，按图样要求，依次划出其余各线。

4. 检查各加工表面的加工余量，如发现有余量不足的现象，应调整借料方向和大小，重新划线。

要想准确借料，首先要知道毛坯的误差程度，然后确定需要借料的方向和大小，这样才能保证划线质量，提高划线效率。对于较复杂的工件，往往要经过多次试划，才能确定合理的借料方案。

如图 2 - 29a 所示的圆环是一个锻造毛坯，其内、外圆都要加工。如果毛坯形状比较准确，就可以按图样尺寸进行划线，此时划线工作简单（见图 2 - 29b）。现在因锻造圆环的内、外圆偏心较大，划线就不是那么简单了。若按外圆找正划内孔加工线，则内孔有个别部分的加工余量不够（见图 2 - 30a）；若按内孔找正划外圆加工线，则外圆有个别部分的加工余量不够（见图 2 - 30b）。只有在内孔和外圆都兼顾的情况下，适当地将圆心选在锻件内孔和外圆圆心之间的一个适当的位置上划线，才能使内孔和外圆都有足够的加工余量（见图 2 - 30c）。这说明通过划线借料，有误差的毛坯仍能得到很好的利用。

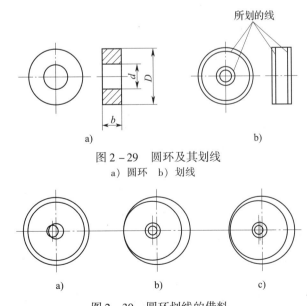

图 2 - 29　圆环及其划线
a）圆环　b）划线

图 2 - 30　圆环划线的借料
a）按外圆找正划线　b）按内孔找正划线　c）内孔外圆兼顾借料划线

四、划线时工件的放置与找正基准确定方法

1. 选择工件上与加工部分有关而且比较直观的面（如凸台、对称中心和非加工的自由表面等）作为找正基准，使非加工面与加工面之间厚度均匀，并使其形状误差反映在次要部位或不显著部位。

2. 选择有装配关系的非加工部位作为找正基准，以保证工件经划线和加工后能顺利进行装配。

3. 在多数情况下，还必须有一个与划线平台垂直或倾斜的找正基准，以保证该位置上的非加工面与加工面之间的厚度均匀。

五、划线步骤的确定

划线前，必须先确定各个表面划线的先后顺序及各位置的尺寸基准线。尺寸基准的选择原则有以下几点。

1. 应与图样所用基准（设计基准）一致，以便能直接量取划线尺寸，避免因尺寸间的换算而增加划线误差。

2. 以精度高且加工余量少的型面作为尺寸基准，以保证主要型面的顺利加工和便于安排其他型面的加工位置。

3. 当毛坯在尺寸、形状和位置上存在误差和缺陷时，可将所选的尺寸基准位置进行必要的调整——划线借料，使各加工面都有必要的加工余量，并使其误差和缺陷能在加工后排除。

任务实施

一、准备工作

1. 材料：轴承座毛坯。

2. 看清、看懂图样（见图 2-22），了解工件上需要划线的部位，明确工件及其划线有关部分的要求。

3. 工件涂色。

4. 选用工具：划线平板、钢直尺、样冲、划线盘（或游标高度尺）、直角尺等。

二、工件的划线

此轴承座需要加工的部位有底面、轴承座内孔及端面、顶部孔及端面、两螺栓孔及孔口锪平。加工这些部位时，找正线和加工界线都要划出。需要划线的尺寸在三个互相垂直的方向，所以属于立体划线，工件需要翻转90°角，安放三次位置，才能全部划出所需要的线条。划线基准应按三组尺寸分别选择。

1. 第一次划线

第一次划线（见图 2-31），应划高度方向的所有线条。划线基准选为轴承座孔中心线，即 I—I 线。根据加工要求，此件在高度方向上一共要划出三条线，即孔中心线（基准线）、底面加工线、油杯孔顶部加工线。当 φ40 mm 孔内不装中心塞块时，还要划出轴

承座孔的上切线和下切线。

在划高度方向的线条时，将涉及底板厚度和孔 $\phi40$ mm 的找正和借料。所以，先划这一方向的尺寸线，可以正确地找正位置和尽早了解毛坯的误差情况，以便进行必要的借料，否则会造成返工。

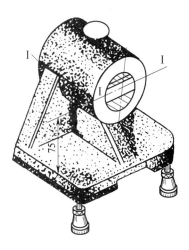

图 2-31 第一次划线

然后，确定 $\phi40$ mm 和 $R40$ mm 外轮廓的中心，因为外轮廓是不加工面，将直接影响外观质量，所以应以 $R40$ mm 外圆为找正依据找出中心。找中心时可以在孔的两端先装好中心塞块，并用单脚划规找出中心，然后用划规试划 $\phi40$ mm 圆周线，看内孔 $\phi40$ mm 的四周是否有足够的加工余量。如果内孔与外轮廓偏心过多，就要适当借料，即移动所找的中心位置。同时，应注意尽量使轴承孔的壁厚均匀，还要照顾到顶部凸台至底面的高度尺寸。只有在上、下加工面的加工余量都能得到保证的条件下，所定的圆心才是正确的。

用三个千斤顶支撑轴承座底面，调整千斤顶的高度并用划线盘找正，使轴承孔前后两端孔中心初步调整到同一高度。为了保证图 2-22 中 14 mm 在各处都比较均匀，还要用划线盘的弯头划针找正 A 面，使 A 面尽量处于水平位置。当轴承孔两端孔中心保持同一高度的要求与 A 面保持水平位置的要求有矛盾时，就应兼顾两方面的要求，使外观质量符合要求。

接着用划线盘试划底面加工线，如果四周加工余量不够，还要把孔中心适当地升高（即重新借料），直到最后确定不需要再变动时，才开始正式划出基准线 I—I（水平中心线）、底平面加工线和顶部凸台平面的加工线。当不在孔中装中心塞块时，要划出 $\phi40$ mm 孔的上、下切线。

2. 第二次划线（见图 2-32）

第二次要划 $\phi40$ mm 孔左右对称的中心线和两螺栓孔中心线。这时划线基准是轴承孔中心线所决定的垂直平面。在划宽度线时的找正由已划好的高度线（即轴承孔中心线和底面加工线）确定。将工件翻转到如图 2-32 所示的位置后，用千斤顶支撑工件，通过调整千斤顶使轴承孔的前后中心等高，用划线盘找正，并按底面加工线用直角尺找正到垂直位置。先划宽度方向的 II—II 基准线，然后以基准线上下各量取 45 mm 划出两螺栓孔中心线。如果铸孔孔内不放中心塞块，还要以孔中基准线上下各量取 20 mm 划出轴承孔左右两条切线。

3. 第三次划线（见图 2-33）

第三次划线，划出油杯孔中心线、轴承孔两端面的加工线及两螺栓孔中心线。先将工件翻转到所要求的位置，用千斤顶支撑工件。利用前两次划线的条件，通过千斤顶的调整和直角尺找正，分别使底面加工线与 I—I 中心线和 II—II 中心线成垂直状态，这样工件的安放位置就确定了，而后即可划线。划线基准应以油杯孔中心线为依据，并照顾轴承孔右端面至油杯孔中心 35 mm 和 10 mm 的尺寸，然后划出 III—III 基准线和轴承孔两端面的加工线等。

撤下千斤顶，用划规划出两端轴承孔（当在铸孔内不放中心塞块时不划圆周线）、螺栓孔和顶部油杯孔的圆周线。至此轴承座的立体划线工作全部完成。

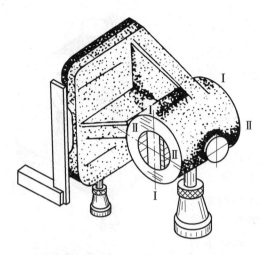

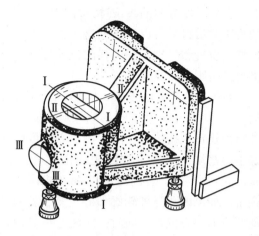

图 2 - 32　第二次划线　　　　　　　图 2 - 33　第三次划线

三、检查

对照图样检查已划好的全部线条，确认无误和无漏线后，在所划好的全部线条上打样冲眼，划线结束。

四、注意事项

1. 工件应稳固地放在支撑上，防止倾倒，并在支撑处打好样冲眼。对于较大的工件，应加附加支撑，使工件安放更稳定、更可靠。

2. 在对较大的工件划线，必须使用吊车运放时，绳索应安全可靠，吊装的方法应正确。大件放在平台上，用千斤顶调整时，工件下面应垫上木块，以保证安全。

3. 调整千斤顶高低时，不可用手直接调节，以防工件掉下将手砸伤。

评分标准

序号	项目与技术要求	配分	评分标准	检测结果	得分
1	使用划线工具正确	10	发现 1 次不正确扣 2 分		
2	三个位置垂直度找正误差小于 0.4 mm	24（8×3）	超差一处扣 8 分		
3	三个位置尺寸基准位置误差小于 0.6 mm	24（8×3）	超差一处扣 8 分		
4	划线尺寸误差小于 0.3 mm	18（3×6）	每超一处扣 3 分		
5	线条清晰	4	超差全扣		
6	冲点位置正确	10	超差全扣		
7	安全文明生产	10	酌情扣分		

[知识链接]

CA6140 型车床溜板箱体（见图 2-34）划线

基本操作步骤：划线准备→第一次划线→第二次划线→第三次划线→第四次划线→交工件。

步骤 1　划线准备。清理→看划线图样→检验毛坯形位、尺寸精度及其他缺陷→涂色→装中心塞。

1. 清理毛坯上的油污、毛刺、型砂、飞边、浇口等。

2. 看划线图样，确定划线的部位，明确划线部位的作用和要求，了解有关的加工工艺，准备划线工具，确定划线基准等。

3. 检验毛坯的形状、位置、尺寸精度，初步了解毛坯的误差。

4. 在划线的部位涂上涂料。

5. 在划线的孔中装入铅块或可调中心塞。

◆　特别提示：涂料要涂在划线的部位上；在划线的孔中装入的铅块或可调中心塞要牢固可靠；通过看图样确定划线的部位、基准、工艺步骤等。

步骤 2　第一次划线。按图样确定划线基准→安放工件→第一次划线→检查划线的正确性。

1. 在全面分析图样的基础上，确定第一次划线的方向为主视图的高度方向。

2. 正确安放工件：以顶面（图样所示位置）为支撑面，用千斤顶支撑工件，安放在平台上。

3. 以前面和顶面为找正依据，用高度尺、划线盘、宽座直角尺等工具进行找正、试划、调整和必要的借料，使箱体各主要加工面有较均匀的加工余量，不加工面具有正确的形状、位置，加工余量较小的面也能加工，表面上存在的误差和缺陷将在加工后被排除。

4. 划线：划顶面加工线一周（这是基准线，必须保证各主要加工面有较均匀的加工余量和正确的形状、位置）；在前面划 28 mm、33.5 mm、85.13 mm、7.5 mm、35 mm 等尺寸线；在左侧面划 183 mm、63 mm、60 mm、50 mm、15 mm、4 mm、80 mm 等尺寸线；在右侧面划 77 mm、86 mm 等尺寸线。

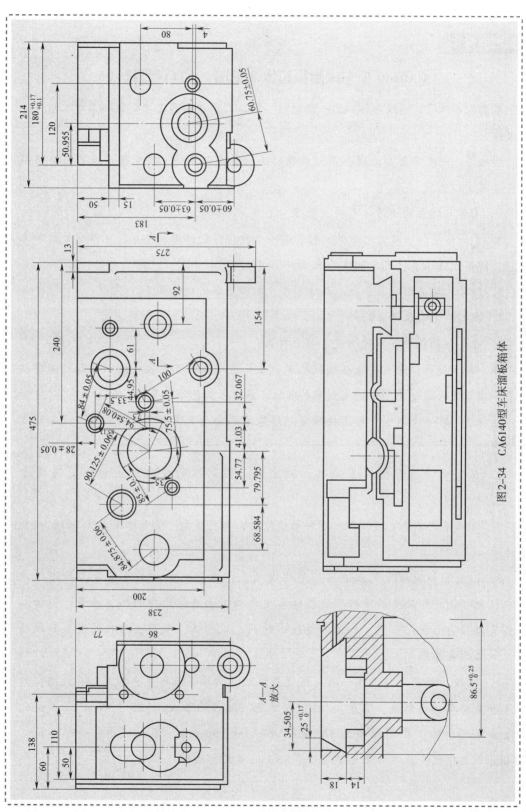

图 2-34　CA6140型车床溜板箱体

5. 检查划线的正确性。

◆ 特别提示：第一次划线就要了解毛坯的误差情况，以便进行必要的借料，避免返工；划顶面加工线要划一周，以作为第二次划线时找正的依据；所划线条要清晰、粗细均匀、长短合适，尺寸要准确；安放工件要稳固，要有辅助的安全措施；操作中应严格遵守划线操作规程，做到安全生产、文明操作。

步骤3 第二次划线。按图样确定划线基准→安放工件→第二次划线→检查划线的正确性。

1. 在全面分析图样的基础上，确定第二次划线的方向为主视图的宽度方向。

2. 正确安放工件：以右侧面（图样所示位置）为支撑面，用千斤顶支撑工件，安放在平台上。

3. 以前面和所划的顶面加工线为找正依据，用高度尺、划线盘、宽座直角尺等工具进行找正、试划、调整和必要的借料，使箱体处于正确的位置。

4. 划线：划右侧面加工线一周；划左侧面加工尺寸线 475 mm 一周；在前面划 240 mm、41.03 mm、32.067 mm、44.95 mm、61 mm、54.77 mm、79.795 mm、65.584 mm 等尺寸线；在后面、顶面和底面划开合螺母燕尾槽各加工尺寸线。

5. 检查划线的正确性。

◆ 特别提示：同步骤2。

步骤4 第三次划线。按图样确定划线基准→安放工件→第三次划线→检查划线的正确性。

1. 在全面分析图样的基础上，确定第三次划线的方向为主视图的厚度方向。

2. 正确安放工件：以前面（图样所示位置）为支撑面，用千斤顶支撑工件，安放在平台上。

3. 以前面和所划右侧面加工线为找正依据，用高度尺、划线盘、宽座直角尺等工具进行找正、试划、调整和必要的借料，使箱体处于正确的位置。

4. 划线：划前面加工线（兼顾光杠、丝杠、开关杠三杠孔中心线）；划光杠、丝杠、开关杠三杠的中心尺寸线 180 mm（这是基准线）；在左侧面划 50.955 mm、120 mm、214 mm 等尺寸线；在右侧面划 138 mm、60 mm、50 mm、110 mm 等尺寸线；划开合螺母燕尾槽各加工尺寸线。

5. 检查划线的正确性。

◆ 特别提示：同步骤2。

步骤5　第四次划线。划各孔中心线→划各孔圆周线→检查划线的正确性。

1. 打中心样冲眼。

2. 在前面用划规划出 100 mm 线，在左侧面用划规划出 60.75 mm 线。

3. 打中心样冲眼，划各孔圆周线。

4. 检查划线的正确性。

◆　特别提示：同步骤 2。

步骤6　检查、打样冲眼、交工件。

1. 按规定对划线进行全面检查。

2. 打样冲眼。

3. 按规定整理现场，然后交工件离开现场。

◆　特别提示：应检查自己所划线的工件是否合格；打样冲眼要对准线的正中，间隔距离要适当，在划线的交叉处、转折处必须打样冲眼。

课题 3　　　錾　　削

学习目标

1. 了解錾削基本知识，掌握錾削工具的使用
2. 明确錾子的选择与刃磨，掌握錾削操作及其要点

学习任务

在圆形棒料上对称加工两个平行平面，如图 2-35 所示。毛坯材料为直径 40 mm、长度 110 mm 的 45 圆钢。

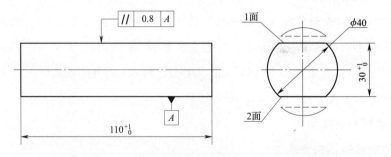

图 2-35　錾削平面

分析图样可知，图样上各尺寸精度要求较低，虽然其加工方法很多，但选用錾削加工比较经济且效率较高。

相关知识

用锤子打击錾子对金属材料进行切削加工的操作称为錾削。錾削一般用于去除毛坯上的凸缘、毛刺、浇口、冒口，以及分割材料，錾削平面、沟槽及异形油槽等。

一、錾削工具、设备

錾削加工的主要工具是錾子和锤子，设备为台虎钳、砂轮机。

1. 台虎钳

如图 2 - 36 所示，台虎钳是用来夹持工件的通用夹具，其规格以钳口的宽度表示，常用的规格有 100 mm、125 mm、150 mm 等。

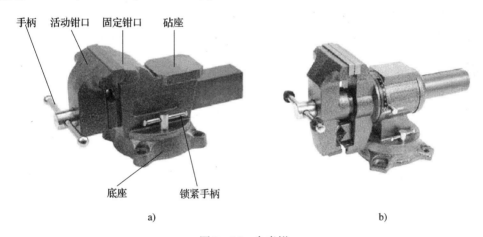

手柄　活动钳口　固定钳口　砧座

底座　　　锁紧手柄

a)　　　　　　　　　　　　　　　b)

图 2 - 36　台虎钳

a) 回转式台虎钳　b) 多功能台虎钳

2. 钳工工作台（钳桌）

钳工工作台用来安装台虎钳、放置工具和工件等。一般钳桌高度为 800 ~ 900 mm，装上台虎钳后，钳口高度以恰与人的手肘平齐为宜（见图 2 - 37），长度和宽度随工作需要而定。

3. 砂轮机（见图 2 - 38）

砂轮机用来刃磨钻头、錾子、刮刀等刀具或其他工具等，由电动机、砂轮、托架和机体组成。使用砂轮机必须注意安全，严格遵守砂轮机使用的有关安全操作规程。

4. 錾子

錾子通常用碳素工具钢（T7A 或 T8A）锻造成形，

图 2 - 37　钳口高度

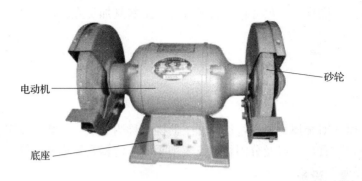

图 2-38　砂轮机

其结构按功能分成头部、切削部分和錾身三部分。头部有一定锥度，顶端略带球形（敲击点并易控制力的方向）。切削部分呈楔形，由前刀面、后刀面及切削刃组成，其硬度达到 56~62HRC。錾身一般为六棱柱并倒角，防止錾削时錾子转动，其长度为 125~150 mm。常用的錾子有扁錾、窄錾和油槽錾 3 种。

（1）扁錾。扁錾如图 2-39a 所示，切削刃较长，略带圆弧，切削面扁平。常用于錾平面、切割板料、去凸缘、去毛刺和倒角。

（2）窄錾（尖錾）。窄錾如图 2-39b 所示，切削刃较短，两切削面从錾身到切削刃逐渐狭小。常用于錾沟槽，分割曲面、板料，修理键槽等。

（3）油槽錾。油槽錾如图 2-39c 所示，切削刃很短，呈弧形，切削部分为弯曲形状。主要用于錾油槽。

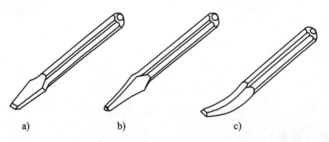

a)　　　　　　b)　　　　　　c)

图 2-39　錾子的种类
a）扁錾　b）窄錾　c）油槽錾

如图 2-40 所示为錾削平面时的情况。錾子切削部分由前刀面、后刀面以及它们的交线形成的切削刃组成。

錾削时形成的切削角度有：

1）楔角 β_o。图 2-40 中錾子前刀面与后刀面之间的夹角称为楔角。楔角的大小对錾削有直接影响，一般楔角越小，錾削越省力。但楔角过小，会造成刃口薄弱，容易崩损；而楔角过大时錾切费力，錾削表面也不易平整。通常根据工件材料软硬不同，选取不同的楔角数值。錾削硬钢或铸铁等硬材料时，楔角取 60°~70°；錾削一般钢料和中

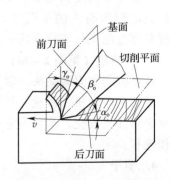

图 2-40　錾削平面时的情况

等硬度材料时，楔角取 50°~60°；錾削铜、铝等软材料时，楔角取 30°~50°。

2）后角 α_o。錾削时，后角是錾子后刀面与切削平面之间的夹角。它的大小取决于錾子被掌握的方向，作用是减少錾子后刀面与切削表面之间的摩擦，引导錾子顺利錾切。一般錾削时后角取 5°~8°，后角太大会使錾子切入过深，錾切困难；后角太小造成錾子滑出工件表面，不能切入。

3）前角 γ_o。錾削时，前角是錾子前刀面与基面之间的夹角。其作用是减少錾削时切屑变形，使切削省力，前角越大，切削越省力。由于基面垂直于切削平面，存在 $\alpha_o + \beta_o + \gamma_o = 90°$的关系，当后角 α_o一定时，前角 γ_o的数值由楔角 β_o的大小决定。

5. 锤子

如图 2-41 所示，锤子由锤头、木柄、斜楔铁组成。锤头由碳素工具钢经热处理（淬硬）制成。锤子的规格是用质量来表示的，分为 0.25 kg 、0.5 kg 、1 kg 等。木柄用长 300~500 mm 硬而不脆的木材（如檀木）制成，手握处断面为椭圆形，起定向作用。斜楔铁是木柄装进锤头椭圆孔后的紧固件，防止木柄与锤头松动脱开。

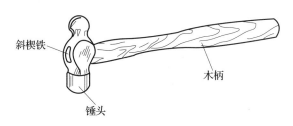

图 2-41　锤子

二、錾削姿势

1. 锤子的握法

用右手的食指、中指、无名指和小指握紧锤柄，柄尾伸出 15~30 mm，拇指贴在食指上。锤子的握法有紧握法和松握法两种，如图 2-42 所示。

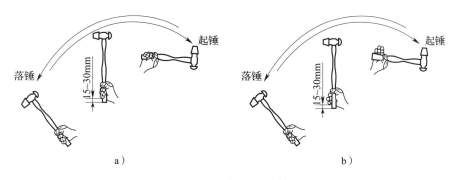

a）　　　　　　　　　　　　b）

图 2-42　锤子的握法
a）紧握法　b）松握法

2. 挥锤方法

挥锤方法有腕挥、肘挥、臂挥三种，如图 2-43 所示。腕挥，用手腕运动锤击，锤击力较小，一般用于起錾、錾出、錾油槽、小余量錾削；肘挥，手腕与肘部一起运动，上臂不大动，锤击力较大，应用广泛；臂挥，手腕、肘部与全臂一起挥动，锤击力大，适用于大力錾削。

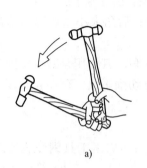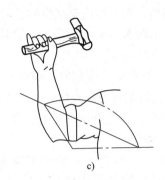

图 2-43　挥锤方法

a）腕挥　b）肘挥　c）臂挥

3. 錾子的握法

錾子的握法有正握法、反握法和立握法三种，如图 2-44 所示。一般采用正握法。

（1）正握法。如图 2-44a 所示，手心向下，腕部伸直，用左手的中指、无名指握住錾子，小指自然合拢，拇指、食指自然伸直地松靠，自然放松，錾子头部应伸出手外约 20 mm。

（2）反握法。如图 2-44b 所示，手心向上并悬空，手指自然捏住錾子。

（3）立握法。如图 2-44c 所示，虎口向上，拇指放在錾子一侧，四指在另一侧捏住錾子。

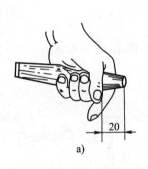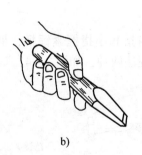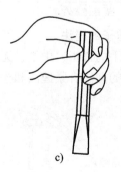

图 2-44　錾子的握法

a）正握法　b）反握法　c）立握法

4. 站立位置与姿势（见图 2-45）

身体与台虎钳中心线约成 45°角，左脚前跨半步，膝盖自然弯曲，右腿站稳伸直，身体重心前移，便于操作者用力，挥锤要自然，眼睛要正视錾刃。

5. 锤击錾子时的要领

（1）挥锤时，肘收臂提，举锤过肩；手腕后弓，三指微松；锤面朝天，稍停瞬间。

（2）锤击时，左手小臂尽量与钳口方向平行，目光从左手背面上方注视錾刃，臂肘齐下；收紧三指，手腕加劲；锤錾一线，锤走弧线；左腿着力，右腿伸直。

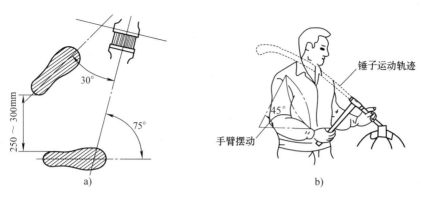

图 2 - 45　站立位置与姿势
a）站立位置　b）姿势

（3）锤击要稳、准、有力、有节奏，肘挥锤击速度一般以 40 次/min 左右为宜。起錾及錾削时锤击速度要快，结束时锤击要轻。

任务实施

一、准备工作

1. 錾削材料：长度为 110 mm、直径为 40 mm 的 45 钢棒料一件。
2. 量具：游标卡尺。
3. 工具、设备：锤子（1 kg）、磨好的扁錾、台虎钳。
4. 划线工具：平台、V 形架、0 ~ 300 mm 游标高度尺。

二、操作步骤

1. 划线

錾削划线方法如图 2 - 46 所示。

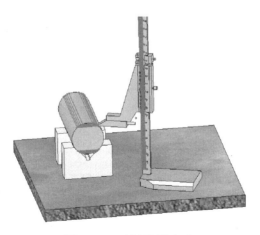

图 2 - 46　錾削划线方法

将工件用 V 形架支撑，用高度尺划出图样中的錾削加工线，每层厚度 1 mm，以便控制各錾削层的厚度。划线步骤如图 2 - 47 所示。

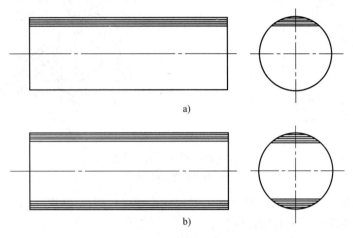

图 2 - 47　划线步骤

a）一次划线　b）二次划线

2. 工件装夹

将已划好线的工件垫上木衬装夹，使錾削加工线略高出钳口处于水平位置，夹紧在台虎钳上。工件的装夹方法如图 2 - 48 所示。

3. 錾削平面 1 （见图 2 - 49）

起錾时，应使錾身水平，錾子的刃口要紧贴工件，使錾子容易切入。錾槽时，应从开槽部分的一端边缘起錾；錾平面时，应从工件尖角处起錾，待卷起切屑后，变换后角正常錾削。

以圆柱体下母线为基准，控制尺寸至 35 mm。

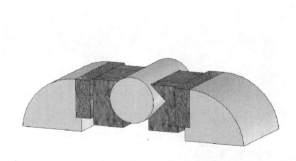

图 2 - 48　工件的装夹方法

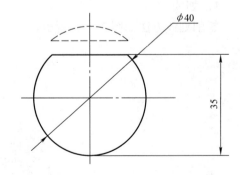

图 2 - 49　錾削平面 1

起錾和錾出方法如图 2 - 50 所示。当錾削至离尽头 10 mm 左右时，为防止边缘崩裂，应将工件掉头錾削残余部分，具体方法与起錾基本相同。

4. 錾削平面 2

翻转工件，装夹錾削，并以平面 1 为基准，控制尺寸至 30 mm。

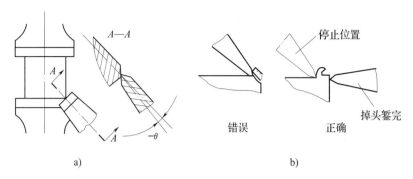

图 2 - 50　起錾和錾出方法

a）起錾　b）錾出

錾削过程中要保持錾子的正确位置和方向，锤击有力，先粗錾后细錾，粗錾厚度取 1 ~ 2 mm，细錾厚度取 0.5 mm，控制好后角，一般取 5° ~ 8°，每錾 2 ~ 3 次要退回一些，以观察錾削平面的平整情况，然后将刃口抵住錾削处继续錾削。

5. 錾削平面修整

分别修整两加工面，达到平整，錾痕一致。

6. 精度检验

用游标卡尺测量工件，检查尺寸 30^{+1}_{0} mm，如图 2 - 51 所示。

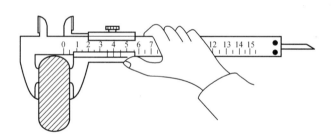

图 2 - 51　用游标卡尺测量工件

三、注意事项

1. 工件装夹要牢固，防止錾削时飞出伤人。

2. 视线要对着工件的錾削部位，不可对着錾子的锤击头部，锤击要稳健有力。

3. 錾削过程中要经常检查锤头和木柄连接的牢固性、木柄是否有破损和油污。

4. 錾削时不能戴手套，錾子和锤子不能对着他人，錾屑要用刷子清理。

5. 錾子用钝要及时刃磨，保持正确的楔角。

6. 刃磨錾子时，人应站在砂轮机斜侧面，不能正对砂轮机，必须戴防护眼镜。

7. 刃磨时用力不可太大，不可戴手套或用棉纱裹住錾子刃磨。

四、錾削质量分析（见表2-3）

表2-3 錾削质量分析

质量问题	产生原因
表面粗糙	1. 錾子刃口爆裂或刃口卷刃、不锋利 2. 锤击力量不均匀 3. 錾子头部已锤平，使受力方向经常改变
表面凹凸不平	1. 錾削过程中，后角在一段过程中过大，造成錾面凹下 2. 錾削过程中，后角在一段过程中过小，造成錾面凸起
表面有梗痕	1. 左手未将錾子放正，而使錾子刃口倾斜，錾削时刃角梗入 2. 刃磨錾子时刃口磨成中凹状
崩裂或塌角	1. 錾到尽头时未掉头錾削，使棱角崩裂 2. 起錾量太多造成塌角
尺寸超差	1. 起錾时尺寸不准确 2. 测量、检查不及时

评分标准

序号	项目与技术要求	配分	评分标准	检测结果	得分
1	尺寸 30^{+1}_{0} mm	20	每超差0.2 mm扣5分		
2	工具、量具安放位置正确、整齐	10	不符合要求酌情扣分		
3	握法及挥锤动作正确、准确	10	不符合要求酌情扣分		
4	錾削角度掌握稳定	10	不符合要求酌情扣分		
5	錾子刃磨角度合理	10	不符合要求酌情扣分		
6	錾削面平整、美观	7	总体评定，酌情扣分		
7	清屑方法正确	8	不正确每次扣2分		
8	几何公差要求（ // 0.8 mm）	15	超差不得分		
9	安全文明操作	10	酌情扣分		

〔知识链接〕

錾子热处理与刃磨及板料、油槽的錾削方法

一、錾子热处理与刃磨

錾子的热处理是为了提高錾子的硬度和韧性，它包括淬火和回火两个过程。

1. 淬火

将用 T7 或 T8 材料制成的錾子切削部分（约长 20 mm）均匀加热至 750～780 ℃（樱红色），迅速放入冷水内冷却，浸入深度 5～6 mm，即完成淬火，如图 2-52 所示。錾子放入水中冷却时，应垂直水面并沿着水面缓慢移动。

2. 回火

当淬火錾子露出水面的部分呈黑色时，从水中取出，迅速擦去氧化皮，观察刃部颜色变化。扁錾刃口部分呈紫红色与暗蓝色，尖錾刃口部分呈黄褐色与红色之间时，将錾子再次放入水中冷却，即完成了錾子热处理的全部过程。

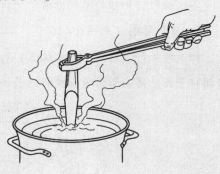

图 2-52　錾子淬火

3. 刃磨

(1) 刃磨方法

錾削过程中，錾子切削部分因磨损变钝而失去切削能力，需要在砂轮机上刃磨。錾子的刃磨方法如图 2-53 所示，右手拇指和食指在距刃口 30～40 mm 斜面处捏紧錾子，左手拇指在上、四指在下握紧錾柄。刃磨时，将切削刃放在稍高于砂轮片中心平面处，并沿砂轮宽度方向往返平稳移动，施力要均匀，不宜过大，经常蘸水冷却。刃磨后，用角度样板检查楔角的大小，如图 2-54 所示。

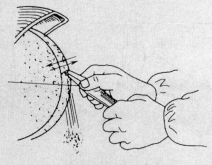

图 2-53　錾子的刃磨方法

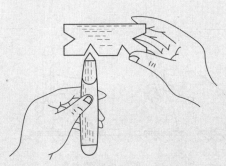

图 2-54　用角度样板检查楔角的大小

（2）刃磨注意事项

1）刃磨前检查砂轮机的旋转方向是否正确，是否有振动、噪声，待转速正常后才能刃磨。若有异常要及时检修。

2）刃磨时用力不可太大，避免砂轮表面跳动过大或砂轮破损，引起事故。

3）刃磨时人体应站在砂轮机斜侧面，不能正对砂轮机。

4）不可戴手套或用棉纱裹住錾子刃磨，必须戴好防护眼镜，避免铁屑飞溅伤害眼睛。

5）使用砂轮搁架时，搁架安装要牢固，相距砂轮 3 mm 以内。

二、板料、油槽的錾削方法

1. 板料錾削（见图 2-55）

切断薄板料（厚度 2 mm 以下）时，可将其夹在台虎钳上，并将板料按划线夹成与钳口平齐，用扁錾沿着钳口斜对着板料约成 45°角錾削。

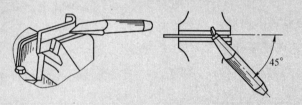

图 2-55 板料錾削

錾削尺寸较大的板料或曲线形板料时，不能在台虎钳上进行，可在铁砧上进行。切断用的錾子，其切削刃应磨成适当的弧形；当錾削直线时，可用扁錾；錾削曲线时，刃宽宜窄以保证錾痕与曲线相似。錾削时，应从前向后錾，起錾时应放斜些似剪刀状，然后逐步直立錾削，如图 2-56 所示。

对形状复杂的板料，最好先在轮廓上钻一排小孔，然后錾削，如图 2-57 所示。

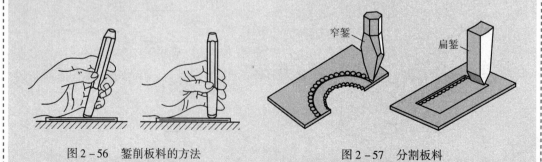

图 2-56 錾削板料的方法　　　　图 2-57 分割板料

2. 油槽錾削（见图2-58）

首先要选宽度与油槽宽度相同的油槽錾，在平面上錾油槽，起錾时錾子要慢慢加深至尺寸要求，錾到尽头时刃口要慢慢翘起，保证槽底圆滑。在曲面上錾油槽，錾子的倾斜角要随曲面变动，以保持錾削后角不变。采用腕挥法锤击，锤击力量应均匀，以使油槽

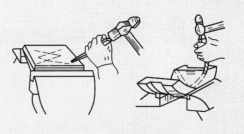

图2-58　油槽錾削

尺寸、光滑程度符合要求，錾好后，再用其他工具修好槽边毛刺。

训练：采用腕挥法锤击錾削油槽，如图2-59所示。

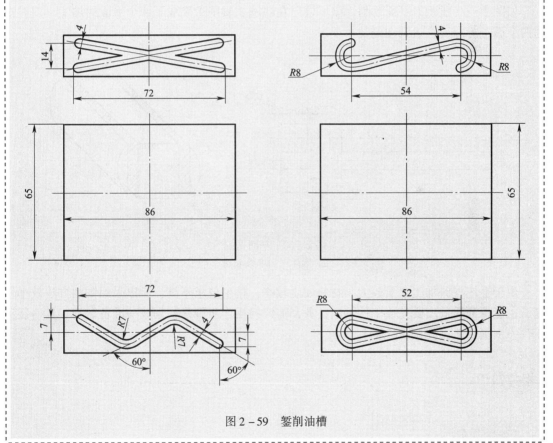

图2-59　錾削油槽

课题 4   锯   削

学习目标

1. 了解锯削原理，熟悉锯条几何角度
2. 掌握操作技巧及锯条规格的选择

学习任务

如图 2-60 所示为平面锯削，该零件已在课题 3 錾削中完成了两个平面的加工，现要对另两个面进行加工，达到图样技术要求。

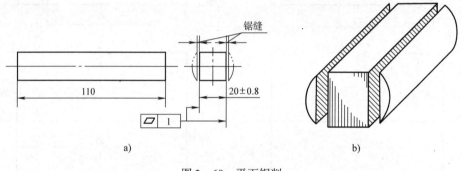

图 2-60　平面锯削

a）零件图　b）实物图

由于毛坯材料加工余量较大，材料硬度较高，精度要求不高，所以采用锯削方法效率较高，也能保证质量。要完成工件锯削任务，需要的操作步骤是：划线→准备锯削工具→装夹工件→锯削加工（锯削 2 个面）。

相关知识

一、锯子

锯子是对材料或工件进行分割和切槽的锯削工具，它由锯弓和锯条组成。

1. 锯弓

如图 2-61 所示，锯弓用于安装并张紧锯条，分为固定式和可调式两种。固定式只能安装一种长度的锯条，可调式一般可以安装三种长度的锯条，通常采用可调式锯弓。

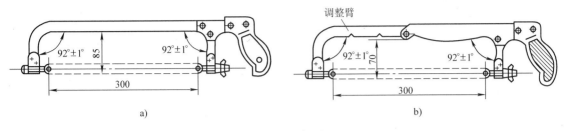

图 2 - 61　锯弓

a) 固定式锯弓　b) 可调式锯弓

2. 锯条

锯条是直接锯削材料和工件的刀具，一般由渗碳钢冷轧制成，也可用碳素工具钢或合金钢制成经热处理淬硬后使用。锯条的规格分为长度规格和粗细规格，长度规格以锯条两端安装孔的中心距表示，常用锯条长度是 300 mm；粗细规格是按照锯条每 25 mm 长度内所包含的锯齿数分为粗、中、细三种。锯条的粗细规格和应用见表 2 - 4。

表 2 - 4　　　　　　　　　　　　　锯条的粗细规格和应用

	每 25 mm 长度内齿数	应用
粗	14 ~ 18	锯削软钢、黄铜、铝、铸铁、纯铜、人造胶质材料
中	22 ~ 24	锯削中等硬度钢、厚壁的钢管、铜管
细	32	薄片金属、厚壁的钢管

（1）锯齿的切削角度。如图 2 - 62 所示为锯齿的切削角度。锯条的切削部分由许多形状相同的锯齿组成，每个齿相当于一把錾子，都有切削能力。常用锯齿角度为后角 40°、楔角 50°、前角 0°。

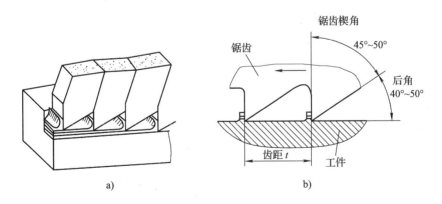

图 2 - 62　锯齿的切削角度

a) 锯齿的立体图　b) 锯齿的角度

（2）锯路。为了减少锯缝两侧面对锯条的摩擦阻力，避免锯削时锯条被夹住，制造时将锯齿按一定的规律左右错开，排成一定的形状，称为锯路。锯路有交叉形和波浪形（见

图2-63）。锯条有了锯路，使工件上的锯缝宽度大于锯条背部的厚度，防止"夹锯"和磨损锯条。

（3）锯条的选用。锯条粗细规格的选用要依据材料的硬度和厚度，可查阅表2-4。

二、锯削的操作要点

1. 锯削的基本姿势

（1）握锯方法如图2-64所示，右手满握锯柄，左手轻扶在锯弓前端。

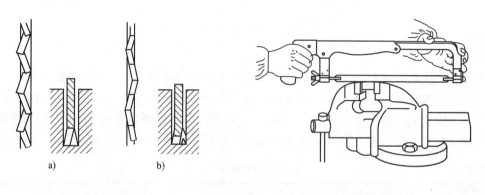

图2-63　锯路
a) 交叉形　b) 波浪形

图2-64　握锯方法

（2）站立位置与姿势，如图2-65所示，站立位置与錾削基本相同，右脚支撑身体重心，双手扶正锯子放在工件上，左臂微弯曲，右臂与锯削方向基本保持平行。

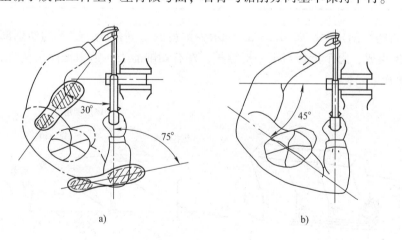

图2-65　站立位置与姿势
a) 站立位置　b) 姿势

2. 锯削动作（见图2-66）

锯削时双脚站立不动。推锯时，右腿保持伸直状态，身体重心慢慢转移到左腿上，左膝盖弯曲，身体随锯削行程的加大自然前倾；当锯弓前推行程达锯条长度的3/4时，身体重心后移，慢慢回到起始状态，并带动锯弓行程至终点后回到锯削开始状态。

a)   b)   c)   d)

图 2-66 锯削动作

锯削运动有直线式运动和摆动式运动两种方式。直线式运动适用于薄型工件、直槽及锯削面精度要求较高的场合。摆动式运动适用范围较广，其操作要点是：推锯左手微上翘，右手下压；回锯时，右手微上翘，左手下压，形成摆动，这样锯削轻松，效率高。

锯削动作要领：身动锯才动，身停锯不停，身回锯缓回。

3. 锯削压力

锯削时，锯子推出为切削过程，退回时不参加切削，为避免锯齿磨损，提高工作效率，推锯时应施加压力，回锯时不施加压力而自然拉回。锯削硬材料比软材料的压力要大。

4. 锯条行程和运动速度

锯削时，尽量使锯条的全长都参加切削，至少不应小于锯条长度的 2/3。锯削速度控制在 20~40 次/min，且推锯速度比回锯速度要慢，锯削硬材料比软材料要慢。

三、起锯操作方法

起锯是锯削的开始，起锯质量直接关系到锯削质量和尺寸误差的大小。起锯方法有两种：从工件远离操作者一端开始为远起锯，如图 2-67a 所示；从工件靠近操作者的一端开始为近起锯，如图 2-67b 所示。为保证锯削顺利进行，开始锯削时用左手拇指按住锯削位置对锯条进行引导，也可用物体靠在锯条侧面或在锯缝处用錾子錾出一个浅缝，如图 2-67c 所示。

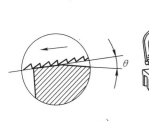 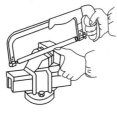 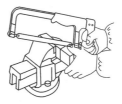 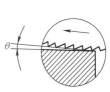

a)   b)

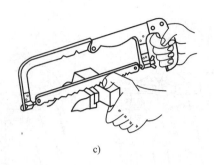

c)

图 2-67 起锯方法及起锯角

a) 远起锯与起锯角　b) 近起锯与起锯角　c) 用拇指引导锯条切入

起锯角为起锯时工件与锯条间的夹角。起锯角 θ 应控制在 $10° \sim 15°$，若起锯角太大，起锯时不平稳，锯齿易被工件棱边卡住引起崩裂；起锯角太小，同时参加锯削的锯齿数太多，不易切入材料。如图 2-67 所示为起锯方法及起锯角。

任务实施

一、准备工作

1. 锯削材料：课题 3 錾削加工后工件。
2. 量具：游标卡尺。
3. 工具、设备：锯弓、锯条、台虎钳。
4. 划线工具：平台、方箱、游标高度尺。

二、操作步骤

1. 划锯削加工线

将工件上一个錾削平面贴紧方箱，一条下素线置于平台上，将游标高度尺调至 30 mm 示值刻线处，划出第一条锯削加工线；然后将工件在垂直平面内旋转 180°，划出第二条锯削加工线。划线方法如图 2-68 所示。

2. 工件装夹

将划好线的工件竖着装夹在台虎钳的左侧，使锯缝离开钳口侧面约 15 mm，保证缝线与钳口侧面平行（锯缝线为铅垂线方向），且要装夹牢靠。装夹方法如图 2-69 所示。

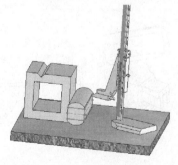

图 2-68 划线方法

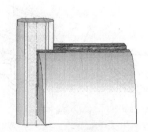

图 2-69 装夹方法

3. 锯削加工

锯削前首先要安装好锯条。安装时，保证齿尖的方向朝前，如图 2 – 70 所示。锯条的松紧要适当，装好后锯条应尽量与锯弓在同一平面内，不要有扭曲现象。

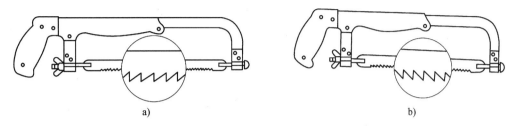

图 2 – 70　锯条的安装

a）不正确安装　b）正确安装

锯削时，右手握持已装好锯条的锯弓，调整好站立位置和锯削姿势，用远起锯方法开始锯削，当锯削至锯弓将要与工件相碰时，停止锯削，重新装夹工件，从工件的另一端面开始锯削，保证锯痕整齐。锯削一个表面后，重新装夹工件，锯削另一面，直至两个面锯削完为止。用游标卡尺根据图样要求检测工件尺寸精度。

三、注意事项

1. 锯削硬材料时应加切削液对锯条润滑、冷却。

2. 当锯削工作接近结束时，压力要小，速度要慢，防止工件突然断裂折断锯条或发生其他伤害事故。

3. 锯削过程中不要突然用力，防止锯条折断崩出伤人。

4. 要使用锯条的有效全长进行锯削，避免锯条局部磨损。

四、锯削质量分析（见表 2 –5）

表 2 – 5　　　　　　　　　　　　　锯削质量分析

质量问题	产生原因	处理方法
锯缝歪斜	1. 工件夹持歪斜，锯削时又未找正 2. 锯条安装太松，锯条与锯弓平面扭曲 3. 锯弓未摆正或用力歪斜	1. 重新夹持工件并找正 2. 锯条装夹松紧要适当 3. 摆正锯弓，用力均匀
锯条折断	1. 锯条装夹过紧或过松 2. 工件装夹不牢、抖动或松动 3. 锯缝歪斜 4. 压力太大 5. 新锯条在原锯缝中卡住 6. 推锯时手不稳，呈扭曲状况	1. 锯条装夹松紧要适当 2. 工件装夹牢固，锯缝靠近钳口 3. 扶正锯弓，按划线锯削 4. 压力适当 5. 调换新锯条后，工件应反向装夹，重新起锯 6. 纠正推锯动作
锯齿崩裂	1. 起锯方向不对，角度太大 2. 突然碰到砂眼、杂质	1. 选择正确的起锯方向和角度 2. 碰到砂眼、杂质时减小压力

评分标准

序号	项目与技术要求	配分	评分标准	检测结果	得分
1	尺寸要求（20±0.8）mm	25	每超差0.2 mm扣6分		
2	平面度误差1 mm（2面）	15×2	每超差0.2 mm扣3分		
3	锯削姿势正确，锯削速度合理	15	不符合要求酌情扣分		
4	锯削断面纹路整齐（2面）	5×2	总体评定，酌情扣分		
5	锯条使用正确	5	每折断一根锯条扣3分		
6	工件装夹正确、合理、牢固	5	不符合要求酌情扣分		
7	安全文明操作	10	酌情扣分		

〔知识链接〕

常见材料的锯削方法

一、管件的锯削

1. 锯削前划线时，一般要求划出垂直于轴线的锯削线，管件长度尺寸较大时，可用矩形纸条按锯削尺寸绕工件外圆一周（见图2-71），然后划出加工线，也可直接按纸条边线锯削。

2. 管件装夹时，对于薄壁管件或精加工过的管件，应夹在有V形槽的两木衬垫之间，以防夹扁管子，破坏加工面精度，如图2-72所示。

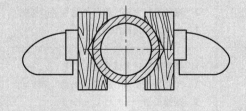

图2-71　管件划线方法　　　　　图2-72　管件的装夹

3. 锯削管件时，不能在一个方向从开始连续锯到结束，因为锯穿管件内壁后锯齿很容易被管壁钩住而崩断，如图2-73a所示为错误锯法；正确的锯削方法是先在一个方向锯到管件内壁后，把管件向推锯的方向转过一定的角度，并连接原锯缝再锯到管件的内壁，逐次进行，直到锯断为止，如图2-73b所示为正确方法。

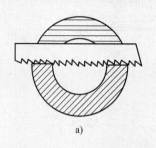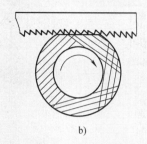

图2-73 管件的锯削方法

a) 不正确 b) 正确

二、棒料的锯削

如果锯削断面要求平整，则工件一次装夹，从一个方向连续锯断为止，如图2-74a所示。若锯削断面要求不高，则可将工件依次旋转一定角度，分几个方向锯削，每次锯削都不锯到工件中心，最后敲击工件使棒料折断，如图2-74b所示。

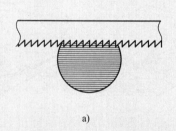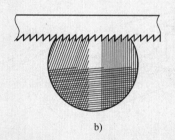

图2-74 棒料的锯削

a) 一次锯削 b) 分次锯削

三、薄板的锯削

薄板是指厚度小于4 mm的板材，锯削薄板时易产生变形、颤动或钩住锯齿等现象。因此，应保证同时参加锯削的锯齿数大于2。锯削薄板有两种方法：一种方法是用两块木板夹持薄板，连同木板一起沿狭面上锯下，如图2-75a所示；另一种方法是把板料直接夹在台虎钳上，用锯子做横向斜锯削，增加同时参加锯削的锯齿数，如图2-75b所示。

四、深缝的锯削

当锯缝的深度大于锯弓的高度时，正常安装锯条的方法无法完成锯削工作，如

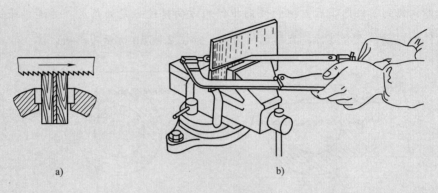

图 2 - 75　薄板的锯削方法

a）木板夹持　b）横向斜锯削

图 2 - 76a 所示。可将锯条转过 90°重新安装，使锯条平面与锯弓平面垂直，锯弓转到工件的外侧，如图 2 - 76b 所示。此时若发生锯弓与工件干涉现象，不便操作时，则应将锯条装夹成锯齿朝向锯弓内，使锯弓位于工件的下方进行锯削，如图 2 - 76c 所示。

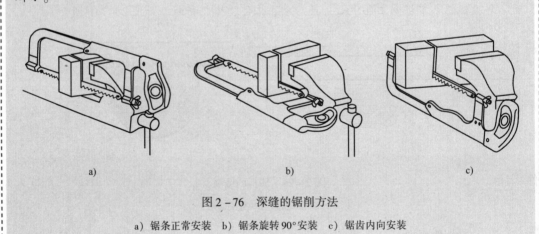

图 2 - 76　深缝的锯削方法

a）锯条正常安装　b）锯条旋转 90°安装　c）锯齿内向安装

课题 5　　锉　　削

学习目标

1. 了解锉削原理
2. 掌握锉削操作技巧及锉刀种类、规格的选择

学习任务

如图 2 - 77 所示为尺座，选用锉削加工达到各项技术要求。毛坯为上一课题加工完成的零件。

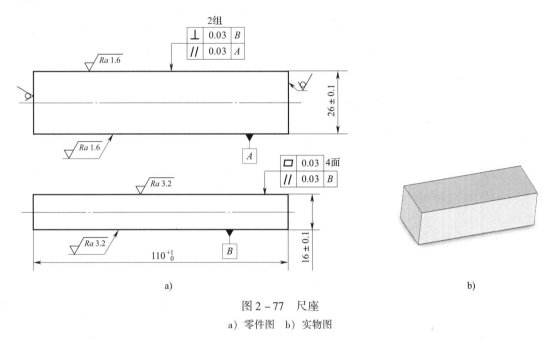

图 2 - 77　尺座
a) 零件图　b) 实物图

由于该零件为角尺的测量基准，尺寸精度、几何公差、表面粗糙度要求较高，工件的加工余量不大，要完成该课题任务，适合选用锉削方法加工各平面，最后得到一个长方体零件。

完成该工件的锉削任务，可分为以下几个操作步骤：合理选择锉削工具和量具→装夹工件→锉削加工 4 个平面。

相关知识

一、锉削的基本概念

1. 锉削

用锉刀对工件表面进行切削加工的操作称为锉削。锉削多用于小余量的精加工，常安排在錾削和锯削加工之后，加工精度可以达到 0.01 mm，表面粗糙度值 Ra 可达 0.8 μm。

2. 锉削应用范围

锉削可加工内外平面、内外曲面、内外沟槽、内孔、各种复杂表面；装配中可以配作、修整工件；工具制作中制作样板；模具制造中实现某些特殊型面和位置的加工。锉削是衡量钳工技能水平的主要操作之一。

二、锉刀

锉刀是锉削的刀具，一般用 T13 或 T12A 制成，经热处理使切削部分硬度达 62～72HRC。

1. 锉刀的结构（见图 2 - 78）

锉刀由锉身和锉柄组成，锉身由锉刀面、锉刀边、锉刀尾和锉刀舌组成。上下两个锉刀面都制有倾角不相等的两个方向的锉纹，形成双齿纹锉齿，承担主要的切削任务，称为双齿纹锉刀，如图 2 - 79 所示；也有一个方向的单齿纹锉刀，用于锉削软材料，如图 2 - 80 所示。锉刀边是锉刀的两个侧面，分为光边和有齿边。锉刀舌呈楔形，与木制锉刀柄内孔相配合，并用铁箍扎紧。

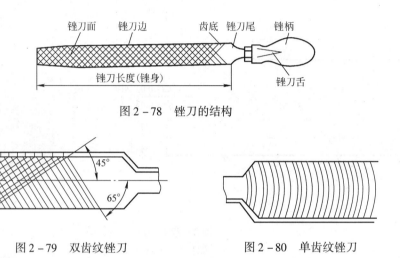

图 2 - 78　锉刀的结构

图 2 - 79　双齿纹锉刀　　　　　　图 2 - 80　单齿纹锉刀

2. 锉刀的种类

按锉刀的用途可分为普通锉、整形锉和异形锉三种。

（1）普通锉。按锉刀的断面形状又分为板锉（又称平锉或扁锉）、方锉、三角锉、半圆锉和圆锉五种，如图 2 - 81 所示为普通锉及断面形状。其中，板锉、半圆锉、圆锉可以用来锉削曲面，具体加工方法在曲面锉削中详细说明。

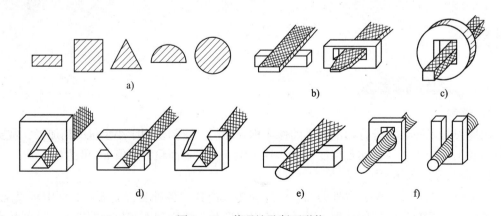

图 2 - 81　普通锉及断面形状

a）普通锉断面形状　b）板锉　c）方锉　d）三角锉　e）半圆锉　f）圆锉

（2）整形锉（又称组锉或什锦锉）。将同一长度而不同断面形状的小锉分组配备成套，通常以 5 把、6 把、8 把、10 把、12 把为一套，用于修整工件上的细小部分，如图 2 - 82 所示为整形锉。

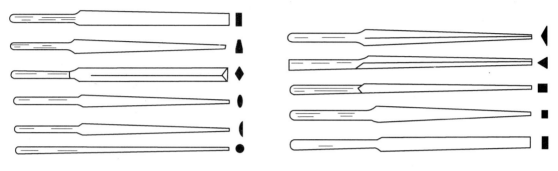

图 2 - 82　整形锉

（3）异形锉。用来锉削工件的特殊表面，按锉刀断面形状可分为刀口锉、菱形锉、三角锉、椭圆锉、圆肚锉等，如图 2 - 83 所示。

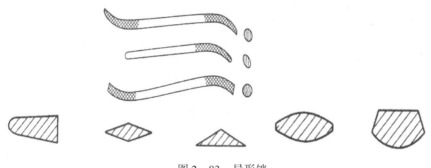

图 2 - 83　异形锉

3. 锉刀的选用

锉削时必须根据工件的具体加工情况合理选用锉刀。

（1）锉刀的断面形状、长度要和工件锉削表面形状、大小相适应。

（2）锉刀的尺寸规格要根据工件的加工余量和硬度选用。当工件的加工余量大、硬度高时，选用大尺寸规格的锉刀，反之选用小尺寸规格的锉刀。

圆锉刀的规格用其直径表示；方锉刀的规格用其边长表示；其他锉刀的规格用锉身长度表示，钳工常用的锉刀有 100 mm、150 mm、200 mm、300 mm 等规格。

（3）锉刀的粗细规格要根据工件的加工余量、精度和表面粗糙度要求选用，一般是大余量、低精度、表面粗糙时，选用粗齿锉刀，反之选用细齿锉刀。

锉刀齿纹粗细规格，以锉刀每 10 mm 轴向长度内主锉纹的条数表示，见表 2 - 6。

表 2 - 6 锉刀齿纹粗细规格

锉刀粗细	适用场合		
	锉削余量/mm	尺寸精度/mm	表面粗糙度值 $Ra/\mu m$
1 号（粗齿锉刀）	0.5 ~ 1	0.2 ~ 0.5	100 ~ 25
2 号（中齿锉刀）	0.2 ~ 0.5	0.05 ~ 0.2	25 ~ 6.3
3 号（细齿锉刀）	0.1 ~ 0.3	0.02 ~ 0.05	12.5 ~ 3.2
4 号（双细齿锉刀）	0.1 ~ 0.2	0.01 ~ 0.02	6.3 ~ 1.6
5 号（油光锉刀）	0.1 以下	0.01	1.6 ~ 0.8

三、锉削操作要点

1. 锉刀的握法

锉刀的基本握法如图 2 - 84 所示，锉刀柄端抵住右手拇指根部手掌，拇指自然伸直放在锉刀柄上方，其余四指由下而上握紧锉刀柄，手腕保持挺直；左手的握法根据锉刀的大小规格不同而不同。具体握法有以下几种。

（1）大锉刀握法。大锉刀指尺寸规格大于 250 mm 的板锉。可采用如图 2 - 85 所示的三种握法。左手中指、无名指钩捏住锉刀前端，拇指根部压在锉刀头部，手掌横放在锉刀前端上面，如图 2 - 85a 所示；左手斜放在锉刀前端上方，拇指除外其余四指自然弯曲，如图 2 - 85b 所示；左手斜放在锉刀前端上方，手指自然平放，如图 2 - 85c 所示。

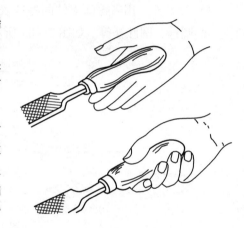

图 2 - 84 锉刀的基本握法

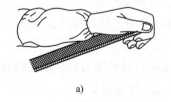 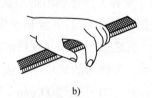 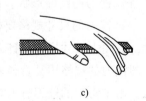

a) b) c)

图 2 - 85 大锉刀握法

（2）中锉刀握法。左手用拇指和食指捏住锉刀前端，将锉刀端平，如图 2 - 86 所示。

（3）小锉刀握法。左手四指均压在锉刀中部上表面，如图 2 - 87 所示；也可将左手拇指与食指、中指成八字状压在锉刀上表面前后部位。

（4）整形锉握法。如图 2 - 88 所示，右手食指放在锉身上面，拇指放在锉刀的左侧。

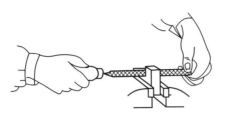

图 2 - 86　中锉刀握法

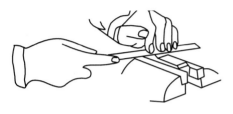

图 2 - 87　小锉刀握法

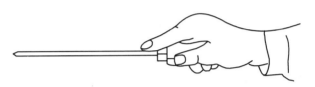

图 2 - 88　整形锉握法

2. 锉削站立位置和姿势

锉削时站立位置、姿势与锯削基本相同。其动作要领是：锉削时，身体先于锉刀向前，随之与其一起前行，重心前移至左脚，膝部弯曲，右腿伸直并前倾，当锉刀行程至 3/4 处时，身体停止前进，两臂继续将锉刀推到锉刀端部，同时将身体重心后移，使身体恢复原位，并顺势将锉刀收回。当锉刀收回接近结束时，身体又开始前倾，进行第二次锉削。

3. 锉削力

锉削时，要锉出平直的平面，两手加在锉刀上的力要保证锉刀平衡，使锉刀做水平直线运动。锉刀在锉削运动过程中，瞬间可视为杠杆平衡问题（工件可视为支点，左手为阻力作用点，右手为动力作用点）。每次锉刀运动时，右手力随锉刀推动而逐渐增加，左手力逐渐减小，回程时不施力，从而保证锉刀平衡。锉刀受力情况如图 2 - 89 所示。

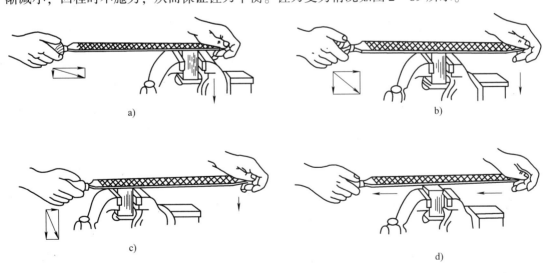

图 2 - 89　锉刀受力情况

（1）开始锉削时，左手施力较大，右手水平分力（推力）大于垂直分力（压力），如图2-89a所示。

（2）随着锉削行程的逐渐增大，右手施力逐渐增大，左手压力逐渐减小，当锉削行程至1/2时，两手压力相等，如图2-89b所示。

（3）当锉削行程超过1/2继续增加时，右手压力继续增加，左手压力继续减小，行程至锉削终点时，左手压力最小，右手施力最大，如图2-89c所示。

（4）锉削回程时，将锉刀抬起，快速返回到开始位置，两手不施压力，如图2-89d所示。

4. 锉削速度

锉削速度一般控制在40次/min左右，推锉时稍慢，回程时稍快，动作协调自然。

5. 平面锉削方法

（1）顺向锉削法。顺向锉削法是指锉刀沿着工件夹持方向或垂直于工件夹持方向直线移动进行锉削的方法，这种方法是最基本的锉削方法，锉削的平面可以得到正直的锉痕，比较美观整齐，表面粗糙度值较小，如图2-90所示。锉削时，后一次锉削应在前一次锉削位置处横向移动锉刀宽度的2/3左右，两次锉削位置重叠锉刀宽度的1/3，这样可以使整个加工表面锉削均匀。

（2）交叉锉削法。交叉锉削法是指锉削时锉刀从两个方向交叉对工件表面进行锉削的方法，锉刀的运动方向与垂直于工件夹持方向成50°~60°角，如图2-91所示。一般是先从一个方向锉完整个表面，再从另一个方向锉削该表面。该法由于锉刀与工件接触面积较大，易掌握锉刀平稳，通过锉痕易判断加工面的高低不平情况，平面度较好。

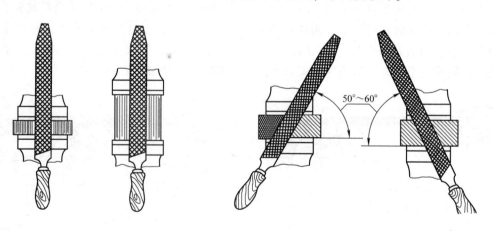

图2-90　顺向锉削法　　　　　　　图2-91　交叉锉削法

（3）推锉法。推锉法是指锉削时用双手横握锉刀两端往复推锉进行锉削的方法，如图2-92所示，两手相对于工件握锉要对称。该法锉痕与顺向锉相同，一般用来锉削狭长平面和加工余量较小的平面，也常用来修正尺寸和降低表面粗糙度值。

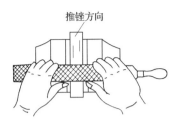

图 2-92 推锉法

任务实施

一、准备工作

1. 锉削材料：课题 4 锯削加工后工件。

2. 量具：游标卡尺、刀口尺、塞尺、宽座直角尺（或游标角度尺）。

3. 工具、设备：板锉 300 mm（粗）、200 mm（中）、150 mm（细）各一只，整形锉，台虎钳，平台，V 形架，游标高度尺。

二、操作步骤

1. 划锉削加工线

将工件靠在 V 形架侧面，用游标高度尺划出图样中尺寸（26±0.1）mm 方向两个锉削平面的锉削加工线，每个平面的加工余量均为 2 mm，如图 2-93 所示。

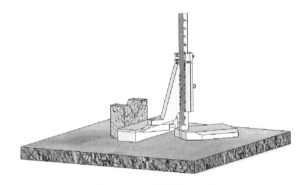

图 2-93 划锉削加工线

2. 工件的装夹

将划好线的工件正确地夹紧在台虎钳中间，锉削面略高出钳口面，夹持面为锯削面。

3. 锉削基准面 A

先用 300 mm 大板锉粗加工錾切后的毛坯面，将錾痕去掉，然后加工平面 A，待余量还有 0.5 mm 左右时，改用 200 mm 的中齿锉刀，加工至余量留有 0.15 mm 左右时，用 150 mm 细齿锉加工至尺寸线宽度中间位置，最后用整形锉修整表面，达到平面度和表面粗糙度要求。

4. 锉削过程中的测量

锉削过程中，要经常用游标卡尺测量尺寸，控制工件大小和精度，以保证各项精度对加工余量的要求；平面度采用刀口尺通过透光法来检查。检查时，刀口尺垂直放在工件表面上，如

图 2 - 94a 所示，并在加工面的横向、纵向、对角方向多处逐一测量，如图 2 - 94b 所示，以确定各方向的直线度误差，误差值的大小可用塞尺塞入检查，检查位置应是透光最强处。

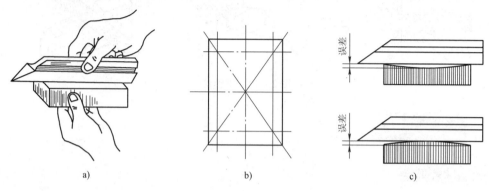

图 2 - 94　用刀口尺测量平面度

5. 锉削基准面 A 的对面

以加工好的基准面 A 为基准，锉削 A 面的对面，加工方法仍然是先粗加工，后精加工，并用游标卡尺控制尺寸精度与 A 面的平行度达到要求，用整形锉修整表面，达到平面度和表面粗糙度要求。

6. 划另一组锉削面的加工线

以基准面 A 为基准，贴紧 V 形架基准面划出尺寸 (16 ± 0.1) mm 方向两个锉削平面的加工线，两平面的加工余量均为 2 mm。划线方法同步骤 1。

7. 加工 A 面的任一相邻面，作为另一方向的加工基准面 B，加工方法与基准面 A 的加工方法相同，同时用宽座直角尺采用透光法控制 B 加工面与基准面 A 的垂直度，测量方法如图 2 - 95 所示。其他精度检查方法同 A 面的检查方法。

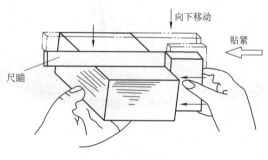

图 2 - 95　测量方法

用宽座直角尺测量垂直度时，可以和塞尺配合测量出垂直度误差的数值大小，以确定是否超差。检查时掌握以下几点。

先将直角尺尺座的测量面紧贴工件的基准面，然后从上逐步轻轻向下移动，使直角尺尺瞄的测量面与工件的被测量面接触，如图 2 - 95 所示。眼光平视观察透光情况，判断工件被测面与基准面是否垂直，检查时，直角尺不可斜放，否则检查结果不准确。

用直角尺测量垂直度时，可将塞尺塞进尺瞄与被测表面间的最大空隙中，根据塞尺组合厚度得到垂直度误差的数值。

8. 加工 B 面的对面，用游标卡尺控制尺寸精度，用宽座直角尺控制与 A 面的垂直度。锉削方法与 A、B 面相同。

9. 去毛刺，全部精度复检，并做必要的修整锉削，达到要求。

三、注意事项

1. 工件夹紧时用力适当，要在台虎钳上垫好软钳口或木衬垫，防止工件已加工面被夹伤。

2. 基准面作为加工和测量的基准，必须达到规定的技术要求，才能加工其他平面。

3. 注意加工顺序，即先加工平行面，后加工垂直面。

4. 每次测量时，锐边必须去除，保证测量的准确性。

5. 新锉刀要先用一面，用钝后再用另一面，不可锉削淬硬工件，不可沾油、沾水，并尽可能用锉刀的全长锉削。

6. 锉削过程中不要用手摸锉刀面，不要用嘴吹铁屑。

7. 锉刀不能叠放，不能当撬杠或敲击工具用，不使用未装柄锉刀。

8. 经常用钢丝刷或铁片沿锉刀齿纹方向清除铁屑。

四、锉削质量分析（见表 2-7）

表 2-7   锉削质量分析

质量问题	产生原因
平面中凸	1. 双手用力不能使锉刀保持平衡 2. 锉削姿势不正确 3. 锉刀面中凹
对角扭曲或塌角	1. 左手或右手施力时重心偏向锉刀一侧 2. 工件未夹正 3. 锉刀扭曲
平面横向中凸或中凹	锉刀左右移动不均匀

评分标准

序号	项目与技术要求		配分	评分标准	检测结果	得分
1	锉削姿势、动作协调、自然		10	酌情扣分		
2	握锉方法正确		10	酌情扣分		
3	尺寸	（26±0.1）mm	6	超差不得分		
		（16±0.1）mm	6	超差不得分		
4	平面度	0.01 mm（4 处）	4×4	超差一处扣 4 分		
5	垂直度	0.03 mm（2 组）	5×2	超差一处扣 5 分		
6	平行度	0.03 mm（2 组）	5×2	超差一处扣 5 分		
7	表面粗糙度值 Ra	1.6 μm（2 面）	6×2	目测超差一处扣 6 分		
		3.2 μm（2 面）	5×2	目测超差一处扣 5 分		
8	安全文明操作		10	酌情扣分		

〔知识链接〕

曲面锉削

锉削曲面时，锉刀的握法、锉削站立位置和姿势、锉削力控制、锉削速度的大小均与平面锉削相同，不同之处是锉削方法。

一、外曲面的锉削方法（见图2-96）

锉削外曲面时，锉刀要同时完成两个运动，即前进运动和绕工件圆弧中心的转动，且两个动作要协调，速度要均匀。其锉削方法有两种：

1. 顺向锉削法，如图2-96a所示。锉削时，右手向前推锉的同时向下施加压力，左手随着向前运动，同时向上提锉刀。锉削前一般先将锉削面锉成多棱形。这种锉削方法能使圆弧面光滑，适用于圆弧面的精加工。

2. 横向锉削法，如图2-96b所示。锉削时，锉刀做直线推进的同时做短距离的横向移动，锉刀不随圆弧面摆动。这种锉削方法加工的圆弧面往往呈多棱形，接近圆弧而不光滑，需要用顺向锉削方法精锉，常用于大余量的粗加工。

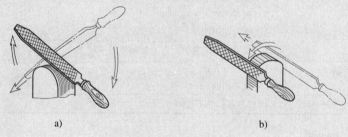

a)   b)

图2-96 外曲面的锉削方法

a）顺向锉削法 b）横向锉削法

二、内曲面的锉削方法（见图2-97）

锉削内曲面时，锉刀要同时完成三个运动，即前进运动、沿圆弧面向左或向右移动、锉刀绕自身轴线的转动，三个动作只有协调完成，才能保证锉出的弧面光滑、准确。其锉削方法有两种：

1. 复合运动锉削法，如图2-97a所示。锉削时，锉刀同时完成三种运动，一般用于圆弧面的精加工。

2. 顺向锉削法，如图2-97b所示。锉刀只做直线运动，这种方法锉削的弧面呈多棱形，一般适用于圆弧面的粗加工。

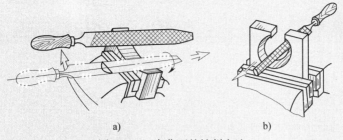

a)   b)

图 2-97 内曲面的锉削方法

a) 复合运动锉削法　b) 顺向锉削法

在一般情况下，应先加工平面，然后加工曲面，便于使曲面与平面圆滑连接。如果先加工曲面后加工平面，则在加工平面时，由于锉刀侧面无依靠（平面与内圆弧面连接时）而产生左右移动，使已加工的曲面损伤，连接处也不易锉得光滑，或圆弧面不能与平面相切（平面与外圆弧面连接时）。

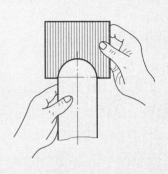

图 2-98 检查曲面
轮廓度误差

在进行曲面锉削练习时，可用曲面样板通过塞尺或透光法检查曲面轮廓度误差，如图 2-98 所示。

完成如图 2-99 所示曲面锉削。

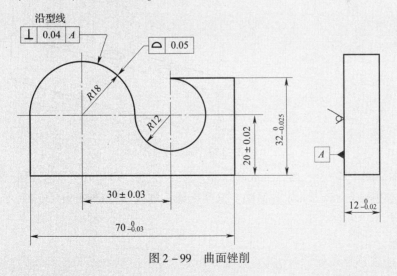

图 2-99 曲面锉削

基本操作步骤：检验毛坯→确定基准并修整→划线→钻孔→锯削→锉削加工→检验、交件。

◆特别提示：掌握曲面锉削技能及精度检验方法。

课题 6　　钻　孔

学习目标

1. 熟悉麻花钻的结构、角度及特点
2. 掌握麻花钻的刃磨及检测方法
3. 掌握钻削时切削用量的选择，了解钻孔常用设备

学习任务

如图 2 - 100 所示为钻孔零件图，使用麻花钻在台式钻床上进行钻削加工，达到图样要求。

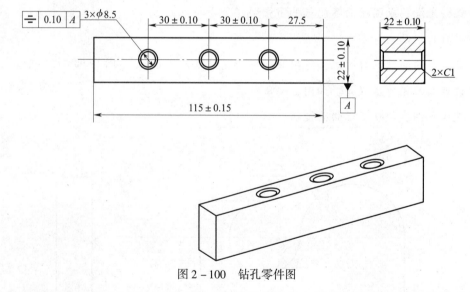

图 2 - 100　钻孔零件图

分析图样，图中有三个 $\phi 8.5$ mm 孔，精度要求不高，可以在台钻上用麻花钻进行孔加工，钻削时选用直径为 8.5 mm 的钻头。操作步骤：划线→打样冲眼→装夹→钻孔。

相关知识

一、钻床

钻孔常用的钻床有台式钻床、立式钻床和摇臂钻床三种。

1. 台式钻床（见图 2 - 101）

台式钻床结构较简单、操作方便，主轴转速较高在 400 r/min 以上，一般用于钻、扩

$\phi12$ mm 以下的孔，不适合铰孔和攻螺纹等操作。为保持主轴运转平稳，常采用 V 带传动，并由塔形带轮来变换速度。台式钻床主轴只有手动进给，一般都具有控制钻孔深度的装置。钻孔后，主轴在弹簧的作用下自动复位。

2. 立式钻床（见图 2 – 102）

立式钻床钻孔最大直径有 25 mm、35 mm、40 mm 和 50 mm 等几种。立式钻床可以自动进给，主轴的转速和自动进给量都有较大的变动范围，适用于进行各种中型件的钻孔、扩孔、锪孔、铰孔、攻螺纹等。由于它的功率较大，机构也较完善，因此可获得较高的效率及加工精度。

3. 摇臂钻床（见图 2 – 103）

摇臂钻床适用于单件、小批量或中等批量生产的中等件和较大件以及多孔件的各种孔加工。摇臂钻床能在很大的范围内工作，工作时工件可压紧在工作台上，也可以直接放在底座上，靠移动主轴来对准工件上的钻孔中心，使用时比立式钻床方便。摇臂钻床的主轴转速范围和进给量范围都很大，工作时可获得较高的生产效率及加工精度。

图 2 – 101　台式钻床
1—进给手柄　2—主轴　3—工作台
4—立柱　5—电动机

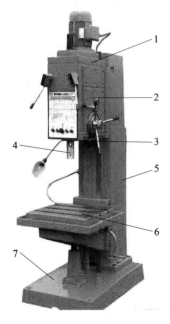

图 2 – 102　立式钻床
1—主轴变速箱　2—进给箱　3—进给变速手柄　4—主轴
5—立柱（床身）　6—工作台　7—底座

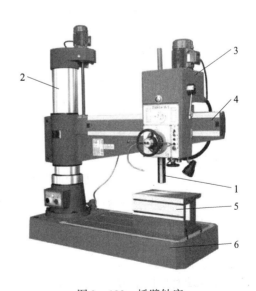

图 2 – 103　摇臂钻床
1—主轴　2—立柱　3—主轴箱
4—摇臂　5—工作台　6—底座

二、标准麻花钻的结构

标准麻花钻简称麻花钻或钻头，是应用最广泛的钻孔工具。标准麻花钻的结构由柄部、颈部和工作部分组成，如图 2－104 所示。

1. 柄部

麻花钻有锥柄和直柄两种。一般，钻头直径小于 13 mm 的制成直柄，大于 13 mm 的制成锥柄。柄部是麻花钻的夹持部分，它的作用是定心和传递动力。

2. 颈部

颈部在磨削麻花钻时供砂轮退刀使用，钻头的规格、材料及商标常打印在颈部。

3. 工作部分

工作部分由导向部分和切削部分组成。导向部分的作用不仅是保证钻头钻孔时的正确方向，修光孔壁，同时还是切削部分的后备。在钻头重磨时，导向部分逐渐变为切削部分投入切削。导向部分有两条螺旋槽，作用是形成切削刃及容纳和排除切屑，便于切削液沿螺旋槽流入。同时，导向部分的外缘是两条刃带，它的直径略有倒锥，既可以引导钻头切削时的方向，使它不致偏斜，又可以减少钻头与孔壁的摩擦。切削部分由两条主切削刃、两个前刀面、两个主后刀面、两个副后刀面和一条横刃组成，如图 2－105 所示。

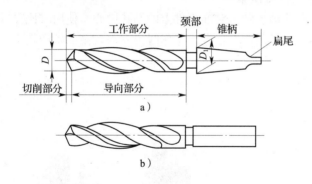

图 2－104　标准麻花钻的结构
a）锥柄麻花钻　b）直柄麻花钻

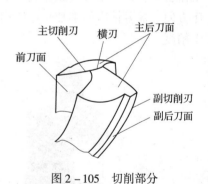

图 2－105　切削部分

三、标准麻花钻的切削角度

钻削过程中，钻头的切削角度是非常重要的。切削角度修磨得合理与否，对提高麻花钻的切削能力、钻孔精度和减小表面粗糙度值，起着决定性的作用。分析切削角度之前，要先弄清用以表示麻花钻角度的辅助平面。

1. 麻花钻的辅助平面（见图 2－106）

如图 2－106 所示为麻花钻头主切削刃上任意一点的基面、切削平面和主截面的相互位置，三者相互垂直。

（1）基面。切削刃上任一点的基面是通过该点，又与该点的切削速度方向垂直的平面，实际上是通过该点与钻心连线的径向平面。由于麻花钻两主切削刃不通过钻心，而是平行并错开一个钻心厚度的距离，因此，钻头主切削刃上各点的基面是不同的。

（2）切削平面。麻花钻主切削刃上任一点的切削平面，可理解为是由该点的切削速度方向与该点切削刃的切线所构成的平面。此时的加工表面可看成是一圆锥面，钻头主切削刃上任一点的切削速度方向，是以该点到钻心的距离为半径、钻心为圆心所作圆周的切线方向，也就是该点与钻心连线的垂线方向。标准麻花钻主切削刃为直线，其切线就是钻刃本身。切削平面即为该点切削速度方向与钻刃构成的平面（见图 2-106）。

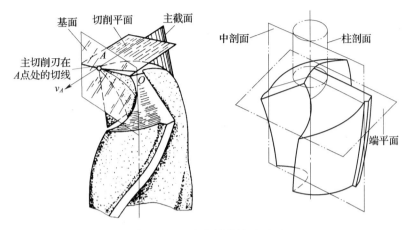

图 2-106 麻花钻的辅助平面

（3）主截面。通过主切削刃上任一点并垂直于切削平面和基面的平面。

（4）柱剖面。通过主切削刃上任一点作与钻头轴线平行的直线，该直线绕钻头轴线旋转所形成的圆柱面。

2. 标准麻花钻的切削角度（见图 2-107）

（1）顶角 2φ。顶角又称锋角，为两条主切削刃在与其平行的平面上投影的夹角（见图 2-107）。顶角的大小根据加工条件决定。标准麻花钻的顶角 $2\varphi = 118° \pm 2°$，此时主切削刃呈直线；$2\varphi < 118°$ 时主切削刃呈外凸形；$2\varphi > 118°$ 时主切削刃呈内凹形。顶角的大小影响主切削刃上轴向力的大小。顶角越小，则轴向力越小，外缘处刀尖角 ε 增大，有利于散热和提高钻头耐用度。但顶角减小后，在相同条件下，钻头所受的扭矩增大、切屑变形加剧、排屑困难，会妨碍切削液的进入。

（2）前角 γ_o。在主截面（图 2-107 中 $N_1—N_1$ 或 $N_2—N_2$）内，前刀面与基面的夹角。由于麻花钻的前刀面是一个螺旋面，沿主切削刃各点的倾斜方向不同，所以，主切削刃上各点的前角大小是不相等的。外缘处的前角最大，一般为 30°左右，自外缘向中心前角逐渐减小，约在中心 $d/3$ 范围内为负值，横刃处 $\gamma_{o\psi} = -60° \sim -54°$，接近横刃处前角为 $-30°$。前角越大，切削越省力。

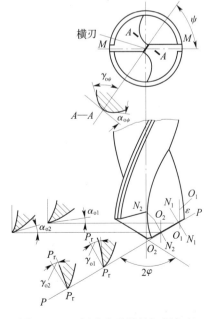

图 2-107 标准麻花钻的切削角度

（3）后角 α_o。在柱剖面内，后刀面与切削平面之间的夹角（见图 2 – 107）。主切削刃上各点的后角不等。外缘处后角较小（$\alpha_o = 8° \sim 14°$），越靠近钻心后角越大（$\alpha_o = 20° \sim 26°$），横刃处 $\alpha_{o\psi} = 30° \sim 60°$。后角的大小影响着后刀面与工件切削表面的摩擦程度，后角越小，摩擦越严重，但切削刃强度越高。

（4）横刃斜角 ψ。横刃与主切削刃在钻头端面内的投影之间所夹的锐角。它是在刃磨钻头时自然形成的，其大小与后角、顶角的大小有关。后角刃磨正确的标准麻花钻 $\psi = 50° \sim 55°$。当后角磨得偏大时，横刃斜角减小，而横刃的长度增大（见图 2 – 107）。

四、标准麻花钻的缺点

1. 横刃较长，横刃处前角为负值，在切削过程中，横刃处于挤刮状态，产生很大的轴向力，使钻头容易发生抖动，定心不稳。据试验，钻削时，50% 的轴向力和 15% 的扭矩是由横刃产生的，这是钻削中产生切削热的重要原因。

2. 主切削刃上各点的前角大小不一样，致使各点切削性能不同，由于靠近钻心处的前角是负值，切削为挤压状态，切削性能差，产生热量大，磨损严重。

3. 钻头的副后角为零，靠近切削部分的棱边与孔壁的摩擦比较严重，容易发热和磨损。

4. 主切削刃外缘处的刀尖角较小，前角很大，刀齿薄弱，而此处的切削速度却很高，故产生的切削热最多，磨损极为严重。

5. 主切削刃长，而且全宽参加切削，各点切屑流出速度的大小和方向相差很大，会增加切屑变形，故切屑卷曲成很宽的螺旋卷，容易堵塞容屑槽，排屑困难。

五、麻花钻的刃磨

1. 刃磨时钻头的位置

操作者应站在砂轮机的左面，右手握住钻头的头部，左手握住柄部，使钻头中心线与砂轮圆柱母线在水平面内的夹角等于钻头顶角的一半，被刃磨部分的主切削刃处于水平位置，同时钻尾向下倾斜，如图 2 – 108 所示为钻头刃磨时与砂轮的相对位置。

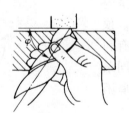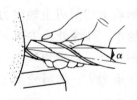

图 2 – 108　钻头刃磨时与砂轮的相对位置

2. 刃磨动作

将主切削刃在略高于砂轮水平中心平面处先接触砂轮，右手缓慢地使钻头绕其轴线由下向上转动，同时施加适当的刃磨压力，这样可使整个后面都磨到。左手配合右手做缓慢的同步下压运动，刃磨压力逐渐增大，这样就便于磨出后角，其下压的速度及幅度随要求的后角大小而变，为保证钻头近中心处磨出较大的后角，还应做适当的右移运动。刃磨时两手动作的配合要协调、自然，如图 2 – 109 所示为刃磨顶角和后角。

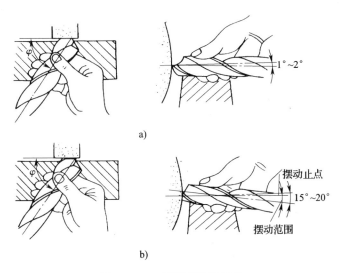

a)

b)

图 2 – 109 刃磨顶角和后角

a) 刃磨顶角 b) 刃磨后角

3. 目测检查 (见图 2 – 110)

刃磨过程中,把钻头切削部分向上竖起,两眼平视,观察两主切削刃的长短、高低和后角的大小,反复观察两主切削刃,如有偏差,必须再修磨。如此不断反复,两后面经常轮换,使两主切削刃对称,直至达到刃磨要求。

4. 用样板检查麻花钻的顶角和横刃斜角 (见图 2 – 111)

麻花钻刃磨后,顶角和横刃斜角的检查可利用检验样板进行,旋转180°后反复检查几次,若不合格需再修磨,直至各角度达到规定要求。

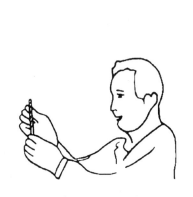

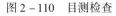

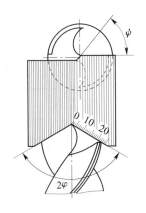

图 2 – 110 目测检查 　　图 2 – 111 用样板检查麻花钻的顶角和横刃斜角

5. 修磨横刃 (见图 2 – 112)

将麻花钻中心线所在水平面向砂轮侧面左倾约15°夹角,所在垂直平面向刃磨点的砂轮半径方向下倾约成55°的夹角。标准麻花钻的横刃较长,且横刃处存在较大的负值。因此,钻孔时横刃处的切削为挤刮状态,轴向抗力较大,同时,横刃较长,定心作用不好,钻头易发生抖动。一般来说，直径在 5 mm 以上的钻头均需磨短横刃，使其磨成原来长度的 1/5 ~ 1/3，以减小轴向力，从而提高钻头的定心作用和切削的稳定性；另一方面要增加横刃处的前角，目的是使靠近钻心处形成斜角为 $\tau = 20° ~ 30°$ 的内刃，且内刃处的前角 $\gamma_\tau = 0° ~ 15°$，以改善其切削性能，如图 2 – 113 所示为麻花钻横刃的修磨及几何角度。

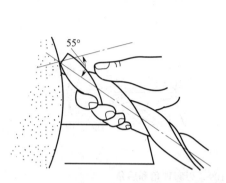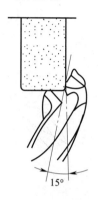

图 2 – 112　修磨横刃

　　修磨时转动钻头，使麻花钻刃背接触砂轮圆角处，由外向内沿刃背线逐渐磨至钻心将横刃磨短，然后将麻花钻转过 180°，修磨另一侧的横刃。

6. 修磨主切削刃（见图 2 – 114）

　　将主切削刃磨出第二个顶角 2φ，目的是增加切削刃的总长，增大刀尖角 ε_r，从而增加刀齿的强度，改善散热条件，提高切削刃与棱边交角处的抗磨性。

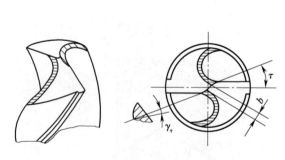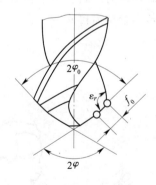

图 2 – 113　麻花钻横刃的修磨及几何角度　　　　图 2 – 114　修磨主切削刃

7. 修磨棱边（见图 2 – 115）

　　在靠近主切削刃的一段棱边上，磨出副后角 $\alpha_o = 6° ~ 8°$，使棱边宽度磨成原来的 1/3 ~ 1/2，目的是减少棱边对孔壁的摩擦，提高钻头的耐用度。

8. 修磨前刀面（见图 2 – 116）

　　把主切削刃和副切削刃交角前刀面磨去一块，以减小该处的前角，目的是在钻削硬材料时可提高刀齿的强度。

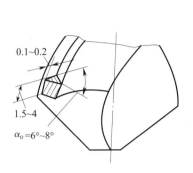

图 2 - 115　修磨棱边

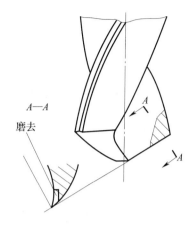

图 2 - 116　修磨前刀面

9. 修磨分屑槽（见图 2 -117）

在钻头的两个后刀面上磨出几条相互错开的分屑槽，使切屑变窄，这样有利于排屑。

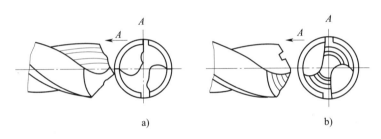

a)　　　　　　　　　　　　　　b)

图 2 -117　修磨分屑槽

a）前刀面开槽　b）后刀面开槽

10. 注意事项

（1）钻头的冷却：钻头刃磨时压力不宜过大，并要经常蘸水冷却，防止因过热退火而降低硬度。

（2）砂轮的选择：一般采用粒度为 F46 ~ F80、硬度为中软级（K、L）的氧化铝砂轮。砂轮旋转必须平稳，对跳动量大的砂轮必须进行调整。

（3）刃磨过程中应随时检查麻花钻的几何角度。

任务实施

一、准备工作

1. 材料：尺寸 115 mm × 22 mm × 22 mm 的 45 钢料一件。

2. 工具、刃具、量具、辅具：台钻、平口钳、钻头（φ8.5 mm、φ10 mm）、划针、游标高度尺、样冲、锤子等。

二、操作步骤

1. 工件的划线

按钻孔的位置尺寸要求，划出孔位置的十字中心线，并打上样冲眼（冲眼要小，位置要准），按孔的大小划出孔的圆周线，如图 2 – 118 所示。钻直径较大的孔时，还应划出几个大小不等的检查圆，用于检查和校正钻孔的位置，如图 2 – 119a 所示。当钻孔的位置尺寸要求较高时，为避免打中心眼所产生的偏差，可直接划出以中心线为对称中心的几个大小不等的方格，作为钻孔时的检查线，然后将中心冲眼敲大，以便准确落钻定心，如图 2 –119b 所示。

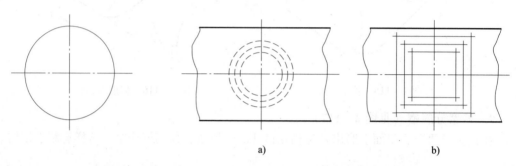

图 2 – 118　划出孔的圆周线

图 2 – 119　划孔的检查线

a）划同心检查圆　b）划检查方格

2. 工件的装夹

由于工件比较平整，可用机床用平口虎钳装夹，如图 2 – 120 所示。

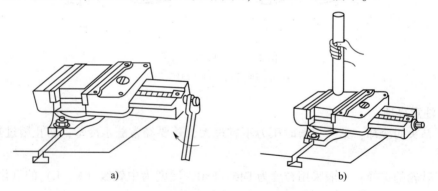

图 2 – 120　用机床用平口虎钳装夹工件

a）工件的装夹　b）用铜棒或木棍敲击工件

把机床用平口虎钳安放在钻床的工作台上，擦净钳口的铁屑，将工件放入钳口内，使工件的被加工面朝上，按顺时针方向旋转螺杆将工件夹紧，如图 2 – 120a 所示。然后用铜棒或木棍敲击，通过声音判断工件是否放平夹紧，如图 2 – 120b 所示。

装夹时，工件表面应与钻头垂直，钻直径大于 8 mm 的孔时，必须将机床用平口虎钳固定，固定前应用钻头找正，使钻头中心与被钻孔的样冲眼中心重合。

3. 安装麻花钻

（1）直柄麻花钻的装拆。直柄麻花钻用钻夹头夹持，如图 2 – 121 所示。先将麻花钻柄装入钻夹头的三卡爪内（夹持长度不能小于 15 mm），再用钻夹头钥匙旋转外套，做夹紧或放松动作，以实现麻花钻的装和拆。

（2）锥柄麻花钻的装拆。

1）锥柄麻花钻用柄部的莫氏锥度直接与钻床主轴连接。连接时，需将麻花钻锥柄、主轴锥孔擦干净。然后使矩形扁尾的长向与主轴上的腰形孔中心线方向一致，用加速冲力一次装夹完成，如图 2 – 122a 所示。

图 2 – 121 直柄麻花钻用钻头夹夹持

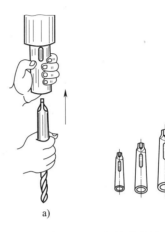

a)　　　　　　　b)

图 2 – 122 锥柄麻花钻的安装

a）直接与钻床主轴连接 b）过渡套筒

2）当麻花钻锥柄小于主轴锥孔时可加过渡套筒（见图 2 – 122b）连接。

对套筒内的钻头和在钻床主轴上的钻头的拆卸，是把斜铁敲入套筒或钻床主轴的腰形孔内，斜铁带圆弧的一面朝上，利用斜铁斜面的张紧分力，使钻头与套筒、主轴分离，如图 2 – 123 所示。

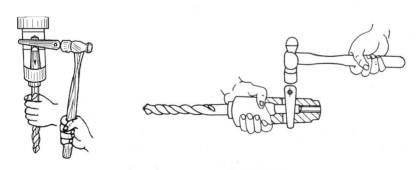

图 2 – 123 锥柄麻花钻的拆卸

4. 钻床转速的选择

选择时要首先确定钻头允许的切削速度 v。用高速钢钻头钻铸铁件时，$v = 14 \sim 22$ m/min；钻钢件时，$v = 16 \sim 24$ m/min；钻青铜或黄铜件时，$v = 30 \sim 60$ m/min。当工件材料硬度和强度较高时取较小值（铸铁以 HBW = 200 为中值，钢以 $R_m = 700$ MPa 为中值）；钻头直径小时也取较小值（以 $\phi 16$ mm 为中值）；钻孔深度 $L > 3d$ 时，还应将取值乘以 0.7 ~ 0.8 的修正系数。然后按下式求出钻床转速 n。

$$n = \frac{1\ 000v}{\pi d}\ \text{r/min}$$

式中　v——切削速度，m/min；

　　　D——钻头直径，mm。

例如，在钢件（强度 $R_m = 700$ MPa）上钻 $\phi 10$ mm 的孔，钻头材料为高速钢，钻孔深度为 25 mm，通过查阅钻孔切削量表，v 取 19 m/min，则应选用的钻头转速为：

$$n = \frac{1\ 000v}{\pi d} = \frac{1\ 000 \times 19}{3.14 \times 10}\ \text{r/min} \approx 600\ \text{r/min}$$

5. 起钻

钻孔时，先使钻头对准钻孔中心，钻出一浅坑，观察钻孔位置是否正确，并要不断纠正，使起钻浅坑与划线圆同轴。校正时，如偏位较少，可在起钻的同时用力将工件向偏位的相同方向推移，达到逐步校正。如偏位较多，可在校正方向打几个中心冲眼或用油槽錾錾出几条槽，以减小此处的切削阻力，达到校正的目的。无论用何种方法校正，都必须在锥坑外圆小于钻头直径之前完成，如图 2-124 所示为用油槽校正起钻偏位的孔。

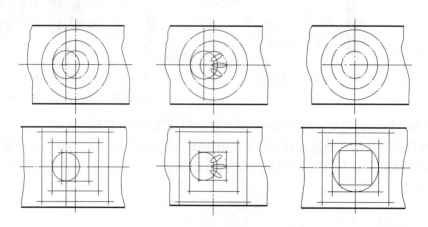

图 2-124　用油槽錾校正起钻偏位的孔

6. 手动进给钻孔

当起钻达到钻孔位置要求后，可夹紧工件进行钻孔，并用毛刷加注乳化液。手动进给操作钻孔时，进给力不宜过大，防止钻头发生弯曲，使孔歪斜，如图 2-125 所示为钻头弯曲现象。孔将钻穿时，进给力必须减小，以防止进给量突然过大，增大切削抗力，造成钻头折断，或使工件随钻头转动造成事故。

7. 钻孔结束

钻孔完毕，退出钻头，按上述方法完成其他两孔的加工。

8. 钻孔时的冷却润滑

为使钻头散热冷却，减少钻头与工件、切屑之间的摩擦，提高钻头寿命，改善加工表面的质量，钻孔时要加注足够的切削液。表 2-8 为各种材料钻孔使用的切削液。

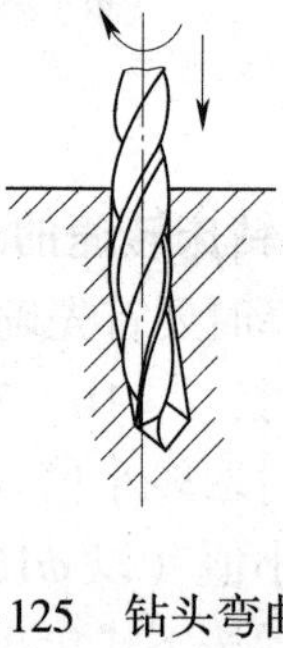

图 2-125　钻头弯曲现象

表 2 – 8   各种材料钻孔时使用的切削液

工件材料	切削液（质量分数）
各类结构钢	3% ~5%乳化液；7%硫化乳化液
不锈钢、耐热钢	3%肥皂加2%亚麻油水溶液；硫化切削油
纯铜、黄铜、青铜	不用；5% ~8%乳化液
铸铁	不用；5 % ~8%乳化液；煤油
铝合金	不用；5% ~8%乳化液；煤油；煤油与菜油的混合液
有机玻璃	5% ~8%乳化液；煤油

9. 倒角

换 ϕ10 mm 钻头，两边倒角 C1（钻头顶角需磨成90°）。

10. 工件检查

关闭钻床电动机，卸下工件，按图样要求检查工件。

三、注意事项

1. 严格遵守钻床操作规程，严禁戴手套操作。

2. 工件必须夹紧，特别是在小工件上钻较大直径的孔时装夹必须牢固，孔将要钻穿时，要减小进给力。

3. 开动钻床前，应检查是否有钻夹头钥匙或斜铁插在钻轴上。

4. 钻孔时须戴安全帽，禁止用手、棉纱或用嘴吹清除切屑，必须用刷子清除，钻出长条切屑时，要用钩子钩断后除去。

5. 操作者的头部不准与旋转着的主轴靠得太近，停车时应让主轴自然停止，不可用手刹住，也不能用反转制动。

6. 严禁在开车状态下装拆工件。检验工件和变换主轴转速，必须在停车状况下进行。

7. 清洁钻床或加注润滑油脂时，必须切断电源。

四、钻孔质量分析（见表2 – 9）

表 2 – 9   钻孔质量分析

质量问题	产生原因
孔大于规定尺寸	1. 钻头两切削刃长度不等，高低不一致 2. 钻床主轴径向偏摆或工作台未锁紧有松动 3. 钻头弯曲或装夹不好，使钻头有过大的径向跳动现象
孔壁粗糙	1. 钻头不锋利 2. 进给量太大 3. 切削液选用不当或供应不足 4. 钻头过短、排屑槽堵塞
孔位偏移	1. 工件划线不正确 2. 钻头横刃不够长，定心不准，起钻过偏而没有校正

续表

质量问题	产生原因
孔歪斜	1. 工件上垂直于孔的平面与主轴不垂直或钻床主轴与台面不垂直 2. 工件安装时，接触面上的切屑未清除干净 3. 工件装夹不牢，钻孔时工件歪斜；或工件有砂眼 4. 进给量过大使钻头弯曲变形
钻孔呈多角形	1. 钻头后角太大 2. 钻头两主切削刃长短不一，角度不对称
钻头工作部分折断	1. 钻头用钝仍继续钻孔 2. 钻孔时未经常退钻排屑，使切屑存在于钻头螺旋槽内导致阻塞 3. 孔将钻通时没有减小进给量 4. 进给量过大 5. 工件未夹紧，钻孔时产生松动 6. 在钻黄铜一类软金属时，钻头后角太大，前角又没有修磨小，造成扎刀
切削刃迅速磨损或碎裂	1. 切削速度太快 2. 没有根据工件的内部硬度来磨钻头角度 3. 工件表面或内部硬度大或有砂眼 4. 进给量过大 5. 切削液不足

评分标准

序号	项目与技术要求	配分	评分标准	检测结果	得分
1	工件安装合理	5	不符合要求酌情扣分		
2	麻花钻安装正确	5	不符合要求酌情扣分		
3	选择钻床转速正确	10	不符合要求酌情扣分		
4	起钻及钻孔正确	10	不符合要求酌情扣分		
5	钻孔 $\phi 8.5$ mm（3处）	24	每处超差不得分		
6	孔距（30 ± 0.10）mm（2处）	16	每处超差不得分		
7	对称度 0.10 mm（3处）	12	每处超差不得分		
8	尺寸 27.5 mm	2	超差不得分		
9	倒角 $C1$（6处）	6	每处超差不得分		
10	安全文明操作	10	酌情扣分		

课题 **7** 扩孔与铰孔

学习目标

1. 熟悉扩孔钻、铰刀的结构、角度及特点
2. 掌握扩孔、铰孔切削用量的选择

学习任务

如图 2 – 126 所示，用铰刀在长方体上铰孔，并符合技术要求。

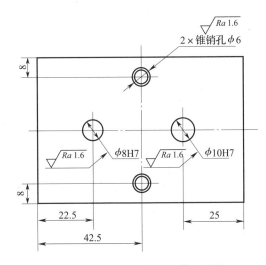

图 2 – 126 用铰刀在长方体上铰孔

如图 2 – 126 所示，零件对孔的尺寸精度要求较高，一般的钻孔达不到要求。因此，需要通过铰孔来达到尺寸精度要求。

相关知识

一、扩孔

用扩孔钻对工件上已加工的孔进行扩大加工的方法，称为扩孔，如图 2 – 127 所示。

由图 2 – 127 可知，扩孔时背吃刀量 a_p 为：

$$a_p = \frac{D - d}{2}$$

式中　D——扩孔后的直径，mm；

d——扩孔前的直径，mm。

1. 扩孔的特点

（1）扩孔钻无横刃，避免了横刃切削所引起的不良影响。

（2）背吃刀量较小，切屑易排出，不易擦伤已加工面。

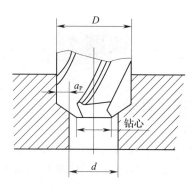

图 2-127　扩孔

（3）扩孔钻强度高，齿数多，导向性好，切削稳定，可使用较大的切削用量（进给量一般为钻孔的 1.5~2 倍，切削速度约为钻孔的 1/2），提高了生产效率。

（4）加工质量较高。一般来说，公差等级可达 IT10~IT9，表面粗糙度值 Ra 可达 12.5~3.2 μm，常作为孔的半精加工及铰孔前的预加工。

2. 扩孔注意事项

（1）扩孔钻多用于成批大量生产。小批量生产常用麻花钻代替扩孔钻使用，此时，应适当减小钻头前角，以防止扩孔时扎刀。

（2）用麻花钻扩孔，扩孔前底孔的直径为所需孔径的 0.5~0.7 倍；用扩孔钻扩孔，扩孔前底孔的直径为所需孔径的 0.9 倍。

（3）钻孔后，在不改变钻头与机床主轴相互位置的情况下，应立即换上扩孔钻进行扩孔，使钻头与扩孔钻的中心重合，保证加工质量。

二、铰孔

用铰刀从工件孔壁上切除微量金属层，以提高其尺寸精度和降低表面粗糙度值的方法，称为铰孔。由于铰刀的刀齿数量多，切削余量小，切削阻力小，导向性好，故加工精度高，一般可达 IT9~IT7 级，表面粗糙度值 Ra 可达 1.6 μm。

1. 铰刀结构

铰刀由柄部、颈部和工作部分组成，如图 2-128 所示。

（1）柄部的作用是用来夹持和传递转矩，有锥柄、直柄和方榫形三种。

（2）工作部分由引导、切削、校准和倒锥部分组成。引导部分可引导铰刀头部进入孔内，其导向角一般为 45°；切削部分担负切去铰孔余量的任务；校准部分有棱边，起定向、修光孔壁、保证铰孔直径和便于测量等作用；倒锥部分是为了减小铰刀和孔壁的摩擦。铰刀齿数一般为 4~8 齿，为测量直径方便，多采用偶数齿。

2. 铰刀种类

（1）整体圆柱铰刀。如图 2-128 所示，整体圆柱铰刀主要用来铰削标准直径系列的孔，分手用和机用两种。

铰刀刀齿分布如图 2-129 所示，一般手用铰刀的齿距在圆周上是不均匀分布的（见图 2-129a），机用铰刀工作时靠机床带动，为制造方便，都做成等距分布刀齿（见图 2-129b）。

（2）可调节的手用铰刀。如图 2-130 所示，在单件生产和修配工作中，仅需铰削少量金属的非标准孔，则可使用可调节的手用铰刀。

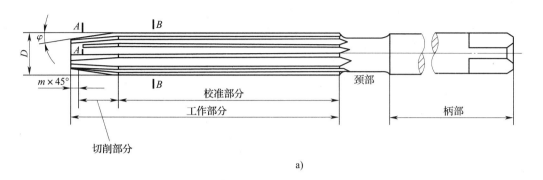

a)

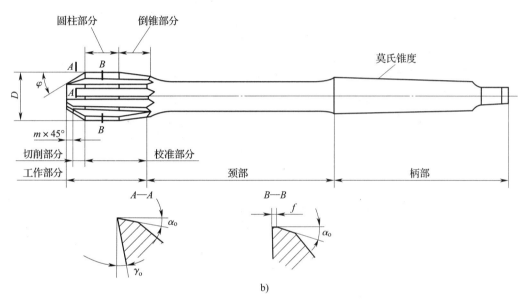

b)

图 2-128 整体圆柱铰刀

a) 手用铰刀　b) 机用铰刀

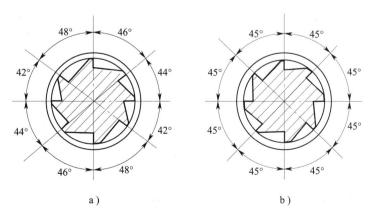

a)　　　　　　　　　　b)

图 2-129 铰刀刀齿分布

a) 不均匀分布　b) 均匀分布

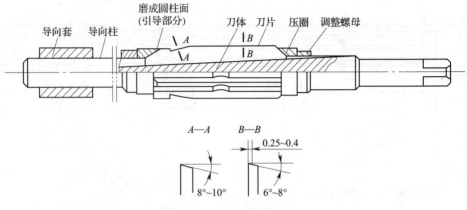

图 2 - 130　可调节的手用铰刀

（3）锥铰刀。如图 2 - 131 所示，锥铰刀用于铰削圆锥孔，常用的锥铰刀有以下几种。

1）1∶50 锥铰刀，用来铰削圆锥定位销孔的铰刀。

2）1∶10 锥铰刀，用来铰削联轴器上锥孔的铰刀。

3）莫氏锥铰刀，用来铰削 0～6 号莫氏锥孔的铰刀，其锥度近似于 1∶20。

4）1∶30 锥铰刀，用来铰削套式刀具上锥孔的铰刀。

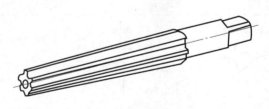

图 2 - 131　锥铰刀

　　用锥铰刀铰孔，加工余量大，整个刀齿都作为切削刃进入切削，负荷重，因此，每进给 2～3 mm 应将铰刀取出一次，以清除切屑。1∶10 锥孔和莫氏锥孔的锥度大，加工余量更大，为使铰孔省力，这类铰刀一般制成 2～3 把一套，其中一把是精铰刀，其余是粗铰刀。粗铰刀的刀刃上开有螺旋形分布的分屑槽，以减轻切削负荷。如图 2 - 132 所示是成套的锥铰刀。

　　锥度较大的锥孔，铰孔前的底孔应钻成阶梯孔，如图 2 - 133 所示。阶梯孔的最小直径按锥度铰刀小端直径确定，并留有铰削余量，其余各段直径可根据锥度推算。

　　（4）螺旋槽手用铰刀（见图 2 - 134）。用普通直槽铰刀铰削键槽孔时，因为刀刃易被键槽边钩住，使铰削无法进行，因此，必须采用螺旋槽铰刀。用这种铰刀铰孔时，铰削阻力沿圆周均匀分布，铰削平稳，铰出的孔光滑。一般，螺旋槽的方向应是左旋，以避免铰削时因铰刀的正向转动而产生自动旋进的现象，同时，左旋刀刃容易使切屑向下，易被推出孔外。

　　（5）硬质合金机用铰刀（见图 2 - 135）。为适应高速铰削和铰削硬材料，常采用硬质合金机用铰刀，其结构采用镶片式。硬质合金铰刀刀片有 K 类和 P 类两种。K 类适合铰铸铁类材料，P 类适合铰钢类材料。

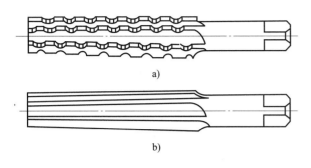

a)

b)

图 2 - 132　成套的锥铰刀

a）粗铰刀　b）精铰刀

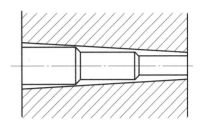

图 2 - 133　铰孔前的底孔应钻成阶梯孔

图 2 - 134　螺旋槽手用铰刀

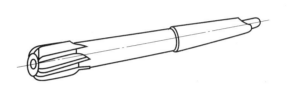

图 2 - 135　硬质合金机用铰刀

3. 铰削用量

铰削用量包括铰削余量（$2a_p$）、切削速度（v）和进给量（f）。

（1）铰削余量。铰削余量是指上道工序（钻孔或扩孔）完成后留下的直径方向的加工余量。铰削余量不宜过大，因为铰削余量过大，会使刀齿切削负荷增大，变形增大，切削热增加，被加工表面呈现撕裂状态，致使尺寸精度降低，表面粗糙度值增大，同时加剧铰刀的磨损。铰削余量也不宜太小，否则，上道工序的残留变形难以纠正，原有刀痕不能去除，铰削质量达不到要求。

选择铰削余量时，应考虑到孔径大小、材料软硬、尺寸精度、表面粗糙度要求及铰刀类型等因素的综合影响。用普通标准高速钢铰刀铰孔时，可参考表 2 - 10 选取铰削余量。

表 2 - 10　　　　　　　　　　　　　　　　　　　铰削余量　　　　　　　　　　　　　　　mm

铰孔直径	< 5	5 ~ 20	21 ~ 32	33 ~ 50	51 ~ 70
铰削余量	0.1 ~ 0.2	0.2 ~ 0.3	0.3	0.5	0.8

此外，铰削余量的确定，与上道工序的加工质量有直接关系。对铰削前预加工孔出现的弯曲、锥度、椭圆和表面粗糙度差等缺陷，应有一定限制。铰削精度较高的孔，必须经过扩孔或粗铰，才能保证最后的铰孔质量。所以确定铰削余量时，还要考虑铰孔的工艺过程。

（2）机铰切削速度。为了得到较小的表面粗糙度值，必须避免产生刀瘤，减少切削热及变形，因而应采取较小的切削速度。用高速钢铰刀铰钢件时，$v = 4 ~ 8$ m/min；铰铸铁件时，$v = 6 ~ 8$ m/min；铰铜件时，$v = 8 ~ 12$ m/min。

（3）机铰进给量。进给量要适当，过大铰刀易磨损，也影响加工质量；过小则很难切下金属材料，形成对材料挤压，使其产生塑性变形和表面硬化，最后形成刀刃撕去大片切屑，使表面粗糙度值增大，并加快铰刀磨损。

机铰钢件及铸铁件时，$f = 0.5 \sim 1$ mm/r；机铰铜和铝件时，$f = 1 \sim 1.2$ mm/r。

4. 铰孔时的冷却润滑

铰削的切屑细碎且易黏附在刀刃上，甚至挤在孔壁与铰刀之间而刮伤表面，扩大孔径。铰削时必须用适当的切削液冲掉切屑，减少摩擦，并降低工件和铰刀的温度，防止产生刀瘤。铰孔时的切削液选用见表 2-11。

表 2-11 铰孔时的切削液选用

加工材料	切削液
钢	1. 10%~20% 乳化液 2. 铰孔要求高时，采用30%菜油加70%肥皂水 3. 铰孔要求更高时，可采用茶油、柴油、猪油等
铸铁	1. 煤油（但会引起孔径缩小，最大收缩量0.4 mm） 2. 低浓度乳化液 3. 也可不用
铝	煤油
铜	乳化液

任务实施

一、准备工作

1. 材料：尺寸 85 mm × 60 mm × 25 mm 的 HT150 灰铸铁板一块。

2. 刀具、量具及设备：ϕ4 mm、ϕ5.8 mm、ϕ6 mm、ϕ7.8 mm、ϕ8 mm、ϕ9.8 mm 钻头，ϕ8H7、ϕ10H7 圆柱手铰刀，ϕ6 mm 锥铰刀（1:50），游标卡尺，直角尺，相应的圆柱销、圆锥销及钻床、切削液等。

二、操作步骤

1. 在工件上按图样尺寸要求划出各孔的位置加工线。

2. 钻、扩各孔。考虑应有的铰孔余量，选定各孔铰孔前的钻头规格，刃磨试钻得到正确尺寸后按图钻孔，并对孔口进行 $C0.5$ mm 倒角。

3. 铰各圆柱孔，用相应的圆柱销配检。

（1）如图 2-136 所示，手铰时，右手通过铰孔轴线施加进刀压力，左手转动铰杠，两手用力应均匀、平稳，不得有侧向压力，同时适当加压，使铰刀均匀前进。

（2）铰孔完毕时，铰刀不能反转退出，防止刃口磨钝，以及切屑嵌入刀具后刀面与孔壁之间而将孔壁划伤。

（3）如图 1-137 所示，机铰时，应使工件在一次装夹中进行钻、铰工作，保证铰孔中心线与钻孔中心线一致。铰毕，铰刀退出后再停机，防止孔壁拉伤。

4. 铰锥销孔，先按小端直径钻孔（留出铰孔余量），再用锥度铰刀铰削即可；用锥销试配检验，达到正确的配合尺寸要求。

对尺寸和深度较大的圆锥孔，为减小铰削余量，可先钻出阶梯孔，然后用锥度铰刀铰削。铰削中应经常用锥销检查铰孔尺寸（见图 2 - 138）。

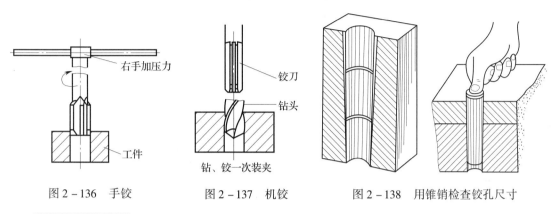

图 2 - 136　手铰　　　　　图 2 - 137　机铰　　　　图 2 - 138　用锥销检查铰孔尺寸

三、注意事项

1. 铰刀是精加工工具，刀刃较锋利，刀刃上如有毛刺或切屑黏附，不可用手清除，应用油石小心地磨去。

2. 铰削通孔时，防止铰刀掉落造成损坏。

四、铰孔质量分析（见表 2 - 12）

表 2 - 12　　　　　　　　　　　　　铰孔质量分析

质量问题	产生原因
表面粗糙度达不到要求	1. 铰刀刃口不锋利或崩裂，铰刀切削部分和修整部分表面粗糙度差 2. 切削刃上黏有积屑瘤，容屑槽内切屑黏积过多 3. 铰削余量太大或太小 4. 切削速度太高，以致产生积屑瘤 5. 铰刀退出时反转，手铰时铰刀旋转不平稳 6. 切削液不充足或选择不当 7. 铰刀偏摆过大
孔径扩大	1. 铰刀与孔的中心不重合，铰刀偏摆过大 2. 进给量和铰削余量太大 3. 切削速度太高，使铰刀温度上升，直径增大 4. 操作粗心（未仔细检查铰刀直径和铰孔直径）
孔径缩小	1. 铰刀超过磨损标准，尺寸变小仍继续使用 2. 铰刀磨钝后还继续使用，造成孔径过度收缩 3. 铰钢料时加工余量太大，铰好后内孔弹性复原而使孔径缩小 4. 铰铸铁时加了煤油

质量问题	产生原因
孔中心不直	1. 铰孔前的预加工孔不直，铰小孔时由于铰刀刚度差而未能使原有的弯曲程度得到纠正 2. 铰刀的切削锥角太大，导向不良，使铰削时方向发生偏歪 3. 手铰时，两手用力不匀
孔呈多棱形	1. 铰削余量太大和铰刀刀刃不锋利，使铰削时发生"啃切"现象，发生振动而出现多棱形 2. 钻孔不圆，铰孔时使铰刀发生弹跳现象 3. 钻床主轴振摆太大

评分标准

序号	项目与技术要求	配分	评分标准	检测结果	得分
1	铰刀选择	10	选错全扣		
2	铰削姿势及方法（2处）	20	不正确扣10分		
3	孔径（H7）（4处）	40	一处不合格扣10分		
4	表面粗糙度值（4处）	20	一处不合格扣5分		
5	安全文明操作	10	酌情扣分		

〔知识链接〕

锪　孔

用锪钻在孔口表面加工出一定形状的孔或表面的方法，称为锪削，可分为锪圆柱形沉孔、锪圆锥形沉孔和锪凸台平面等几种形式，如图2-139所示。

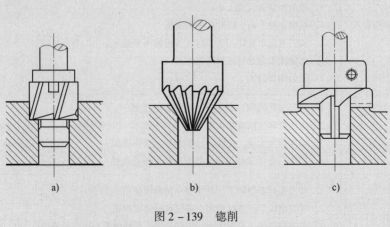

图2-139　锪削

a）锪圆柱形沉孔　b）锪圆锥形沉孔　c）锪凸台平面

锪孔时刀具容易产生振动，使所锪的端面或锥面出现振痕，特别是使用麻花钻改制的锪钻，振痕更为严重。因此，在锪孔时应注意以下几点。

1. 锪孔时的进给量为钻孔的 2~3 倍，切削速度为钻孔的 1/3~1/2。精锪时可利用停车后的主轴惯性来锪孔，以减少振动而获得光滑表面。

2. 使用麻花钻改制的锪钻时，尽量选用较短的钻头，并适当减小后角和外缘处的前角，以防止扎刀和减少振动。

3. 锪钢件时，应在导柱和切削表面加切削液润滑。

课题8 攻螺纹与套螺纹

学习目标

1. 熟悉铰杠及丝锥的使用
2. 掌握攻螺纹的操作技巧及底孔直径的确定
3. 了解套螺纹的方法及圆杆直径的确定

学习任务

用手用丝锥在如图 2-140 所示的工件上攻螺纹，达到图样要求，工件材料为 45 钢。

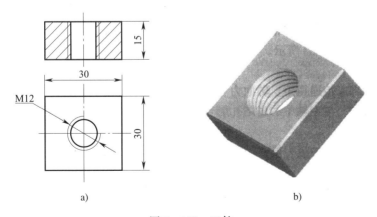

a)   b)

图 2-140 工件
a) 零件图 b) 实物图

在使两个零件可靠地连接在一起的方法中，螺纹加工既方便又经济，所以应用较广泛。由图 2-140 可知，该工件的螺纹是分布在工件的内孔表面，根据其特点，此项操作属于内螺纹加工，称攻螺纹。

相关知识

攻螺纹是用丝锥在工件孔中切削出内螺纹的加工方法。钳工加工的螺纹多为三角形螺纹，作为连接使用。

一、攻螺纹工具

1. 丝锥

丝锥一般分为手用丝锥和机用丝锥两种。手用丝锥是用合金工具钢9SiCr或轴承钢GCr9经滚牙、淬火、回火制成的；机用丝锥都用高速钢制造。

丝锥由工作部分和柄部组成，其中工作部分由切削部分和校准部分组成，如图2-141所示。

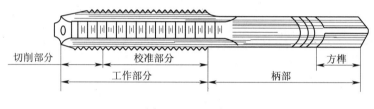

图2-141 丝锥

切削部分是指丝锥前部的圆锥部分，有锋利的切削刃，起主要切削作用，不仅工作省力，不易产生崩刃，而且引导作用良好，并能保证螺孔的表面粗糙度；校准部分具有完整的牙型，用来修光和校准已切出的螺纹，并起导向作用，是丝锥的备磨部分；丝锥柄部为方头，是丝锥的夹持部位，起传递转矩及轴向力的作用。

丝锥有3~4条容屑槽，并形成切削刃和前角。为了制造和刃磨方便，丝锥上容屑槽一般做成直槽。有些专用丝锥为了控制排屑方向，做成螺旋槽。螺旋槽丝锥有左旋和右旋之分。加工不通孔螺纹，为使切屑向上排出，容屑槽做成右旋槽。加工通孔螺纹，为使切屑向下排出，容屑槽做成左旋槽。

每种型号的手用丝锥一般由两支或三支组成一套，分别称为头锥、二锥和三锥。成套丝锥分次切削，依次分担切削量，以减少每支丝锥单齿切削负荷。成套丝锥中，对每支丝锥切削量的分配有锥形分配和柱形分配两种形式，如图2-142所示。成套丝锥可依据以下两种方式选择。

（1）根据锥形分配来选择。如图2-142a所示，其特点是一组丝锥中，每支丝锥的大径、中径、小径都相等，只是切削部分的锥角和长度不等。切削部分最长的是头锥，依次为二锥和三锥。攻螺纹时，先攻头锥，以头锥、二锥、三锥按顺序攻削至标准尺寸。根据锥形分配的丝锥，由于头锥能一次攻削成形，因而切削厚度大，切削变形严重，加工表面粗糙度值大。

（2）根据柱形分配来选择。如图2-142b所示，其特点是头锥和二锥的大、中、小径都比三锥小。头锥和二锥的中径一样大，大径不一样：头锥大径小，二锥大径大。攻螺纹时先攻头锥，然后依次按顺序攻削至标准尺寸。根据柱形分配的丝锥，切削省力，每支丝锥磨损量小，使用寿命长，加工表面粗糙度值小。

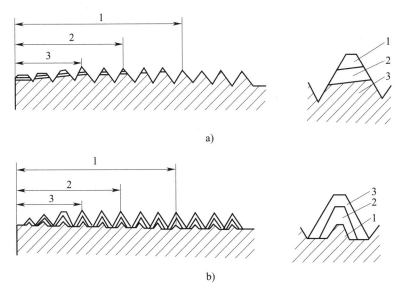

a)

b)

图 2 - 142　成套丝锥切削用量分配
a) 锥形分配　b) 柱形分配
1—头锥　2—二锥　3—三锥

2. 铰杠

铰杠是手工攻螺纹时用来夹持丝锥的工具，分普通铰杠和丁字铰杠两类，如图 2 - 143 所示。

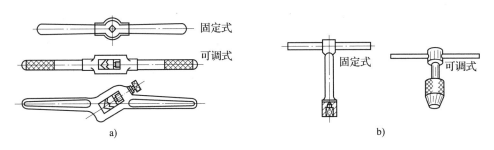

图 2 - 143　铰杠
a) 普通铰杠　b) 丁字铰杠

各类铰杠又分为固定式和可调式两种，其中，丁字铰杠适于在高凸台旁边或箱体内部攻螺纹，可调式丁字铰杠用于 M6 以下丝锥，普通铰杠固定式用于 M5 以下的丝锥。铰杠的方孔尺寸和柄的长度都有一定的规格，使用时按丝锥尺寸大小，根据表 2 - 13 合理选择。

表 2-13　　　　　　　　　可调铰杠使用范围　　　　　　　　　　mm

铰杠规格	150	225	275	375	475	600
适用丝锥	M5 ~ M8	> M8 ~ M12	> M12 ~ M14	> M14 ~ M16	> M16 ~ M22	M24 以上

二、攻螺纹前底孔直径与孔深的确定

1. 攻螺纹前底孔直径的确定

攻螺纹时有较强的挤压作用，金属产生塑性变形而形成的凸起部分挤向牙尖。因此，攻螺纹前的底孔直径应略大于螺纹小径。螺纹底孔直径的大小应考虑工件材质，其值可查表 2-14。

表 2-14　　　　　　　　　普通螺纹钻螺纹底孔钻头直径　　　　　　　　　mm

螺纹直径 D	螺距 P	钻头直径 d 铸铁、青铜、黄铜	钻头直径 d 钢、可锻铸铁、纯铜、层压板	螺纹直径 D	螺距 P	钻头直径 d 铸铁、青铜、黄铜	钻头直径 d 钢、可锻铸铁、纯铜、层压板
2	0.4	1.6	1.6	14	2	11.8	12
	0.25	1.75	1.75		1.5	12.4	12.5
2.5	0.45	2.05	2.05	16	2.5	12.9	13
	0.35	2.15	2.15		2	13.8	14
3	0.5	2.5	2.5		1.5	14.4	14.5
	0.35	2.65	2.65		1	14.9	15
4	0.7	3.3	3.3	18	2.5	15.3	15.5
	0.5	3.5	3.5		2	15.8	16
5	0.8	4.1	4.2		1.5	16.4	16.5
	0.5	4.5	4.5		1	16.9	17
6	1	4.9	5	20	2.5	17.3	17.5
	0.75	5.2	5.2		2	17.8	18
8	1.25	6.6	6.7		1.5	18.4	18.5
	1	6.9	7		1	18.9	19
	0.75	7.1	7.2	22	2.5	19.3	19.5
10	1.5	8.4	8.5		2	19.8	20
	1.25	8.6	8.7		1.5	20.4	20.5
	1	8.9	9		1	20.9	21
	0.75	9.1	9	24	3	20.7	21
12	1.75	10.1	10.2		2	21.8	22
	1.5	10.4	10.5		1.5	22.4	22.5
	1.25	10.6	10.7		1	22.9	23
	1	10.9	11				

或按下列经验公式确定螺纹底孔直径：

（1）加工钢件或塑性较大的材料：

$$d = D - P$$

式中　d——螺纹底孔用钻头直径，mm；

　　　D——螺纹大径，mm；

　　　P——螺距，mm。

（2）加工铸铁或塑性较小的材料：

$$d = D - （1.05 \sim 1.1）P$$

2. 攻螺纹前底孔深度的确定

为了保证螺纹的有效工作长度，钻螺纹底孔时，螺纹底孔的深度计算公式为：

$$H = h + 0.7D$$

式中　h——螺纹的有效长度，mm；

　　　H——螺纹底孔深度，mm。

任务实施

一、准备工作

1. 材料：尺寸 30 mm ×30 mm×15 mm 的 45 钢板一块。

2. 量具：直角尺、游标卡尺。

3. 工具、设备：ϕ10.2 mm、ϕ20 mm 的钻头各一支，平口钳、M12 的手用头攻和二攻丝锥、铰杠、M12 的标准螺钉等。

4. 划线工具：游标高度尺、V 形架、样冲、划规、平台。

二、操作步骤

1. 划钻孔加工线（见图 2 −144）

用游标高度尺划出图样中 30 mm 尺寸方向的两条中心线，其交点即为底孔的中心。用样冲在中心处冲点，并用划规划出 ϕ10 mm 的圆和半径小于 5 mm 的两个不同的同心圆。

2. 工件的装夹（见图 2 −145）

将划好线的工件用木垫垫好，使其上表面处于水平面内，夹紧在立钻工作台的平口虎钳上。

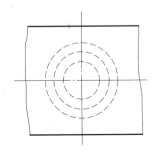

图 2 −144　划钻孔加工线

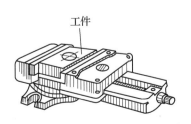

图 2 −145　工件的装夹

3. 钻底孔并倒角

M12 螺纹底孔直径是 10.2 mm。将刃磨好的 ϕ10.2 mm 钻头装夹在立钻的钻夹头上，起钻后边钻孔边调整位置，用划好的同心圆限定边界，直到位置正确后钻出底孔。钻通后，换 ϕ20 mm 钻头对两面孔口进行倒角。用游标卡尺检查孔的尺寸。

4. 加工螺纹

将钻好孔的工件夹紧在台虎钳上，使工件上表面处于水平。选 225 mm 的可调铰杠，将头锥装紧在铰杠上。将丝锥垂直放入孔中，一手施加压力，另一手转动铰杠，如图 2 - 146 所示。当丝锥进入工件 1~2 牙时，用直角尺在两个相互垂直的平面内检查和校正，如图 2 - 147 所示。当丝锥进入 3~4 牙时，丝锥的位置要正确无误。之后转动铰杠，使丝锥自然旋入工件，并不断反转断屑，直至攻通为止，如图 2 - 148 所示。然后，自然反转，退出丝锥。再用二锥对螺孔进行一次清理。最后用 M12 的标准螺钉检查螺孔，应能顺畅地旋入螺孔。

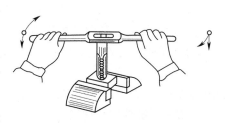

图 2 - 146　起攻方法

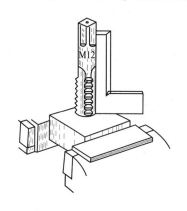

图 2 - 147　检查方法

攻螺纹切削方向
退回断屑方向
继续攻螺纹方向

图 2 - 148　攻螺纹方法

三、注意事项

1. 选择合适的铰杠长度，以免转矩过大，折断丝锥。

2. 正常攻螺纹阶段，双手作用在铰杠上的力要平衡，切忌用力过猛或左右晃动，造成孔口乱牙。每正转 1/2~1 圈时，应将丝锥反转 1/4~1/2 圈，将切屑切断排出。加工不通孔时更要如此。

3. 转动铰杠感觉吃力时，不能强行转动，应退出头锥，换用二锥，如此交替进行。

4. 攻不通螺孔时，可在丝锥上做好深度标记，并要经常退出丝锥，清除留在孔内的切屑。当工件不便倒向清屑时，可用磁性针棒吸出切屑或用弯的管子吹去切屑。

5. 攻钢料等韧性材料工件时，加机油润滑可使螺纹光洁，并能延长丝锥寿命；对铸铁件，通常不加润滑油，可加煤油润滑。

6. 熟悉攻螺纹时可能出现的问题及其产生原因。

四、攻螺纹质量分析（见表 2 – 15）

表 2 – 15 攻螺纹质量分析

质量问题	产生原因	解决方法
螺纹乱牙	1. 底孔直径太小，丝锥不易切入，造成孔口乱牙 2. 攻二锥时，未先用手把丝锥旋入孔内，直接用铰杠施力攻削 3. 丝锥磨钝，不锋利 4. 螺纹歪斜过多，用丝锥强行纠正 5. 攻螺纹时，丝锥未经常倒转	1. 根据加工材料，选择合适的底孔直径 2. 先用手旋入二锥，再用铰杠攻入 3. 刃磨丝锥 4. 开始攻入时，两手用力要均匀，注意检查丝锥与螺孔端面的垂直度 5. 多倒转丝锥，使切屑碎断
螺纹歪斜	1. 丝锥与螺孔端面不垂直 2. 攻螺纹时，两手用力不均匀	1. 丝锥开始切入时，注意丝锥与螺孔端面保持垂直 2. 两手用力要均匀
螺纹牙深不够	1. 底孔直径太大 2. 丝锥磨损	1. 正确选择底孔直径 2. 刃磨丝锥
螺纹表面粗糙	1. 丝锥前、后面及容屑槽粗糙 2. 丝锥不锋利，磨钝 3. 攻螺纹时丝锥未经常倒转 4. 未用合适的切削液 5. 丝锥前、后角太小	1. 刃磨丝锥 2. 刃磨丝锥 3. 多倒转丝锥，改善排屑 4. 选择合适的切削液 5. 磨大前、后角

评分标准

序号	项目与技术要求	配分	评分标准	检测结果	得分
1	工件装夹方法正确（2 次）	10	不符合要求酌情扣分		
2	工具、量具安放位置正确，排列整齐	10	不符合要求酌情扣分		
3	立钻操作正确	10	折断钻头扣 5 分，其余酌情扣分		
4	φ10.2 mm 孔尺寸	20	每超差 0.1 mm 扣 5 分		
5	攻螺纹过程自然协调	20	折断丝锥扣 10 分，其余酌情扣分		
6	M12 尺寸与表面质量	20	总体评定，酌情扣分		
7	安全文明操作	10	酌情扣分		

丝锥刃磨与套螺纹

一、丝锥刃磨方法

当丝锥的切削部分磨损时，可以修磨其后刀面，如图2-149所示。修磨时要注意保持各刀瓣的半锥角φ及切削部分长度的准确性和一致性。转动丝锥时不要使另一刀瓣的刀齿碰擦而磨坏。

当丝锥的校正部分有显著磨损时，用棱角修圆的片状砂轮可修磨其前刀面，如图2-150所示，并控制好一定的前角γ_o。

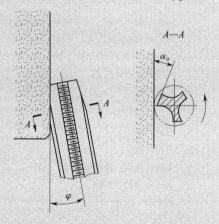 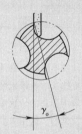

图2-149　修磨丝锥后刀面　　　　　　图2-150　修磨丝锥前刀面

二、套螺纹

用板牙在外圆柱面（或外圆锥面）上切削出外螺纹的加工方法称为套螺纹。

1. 套螺纹工具

套螺纹所用的工具是圆板牙和圆板牙铰杠。

（1）圆板牙。圆板牙是加工外螺纹的刀具，它用合金工具钢或高速钢制作并淬火处理。圆板牙有封闭式和开槽式（可调式）两种结构，如图2-151所示。

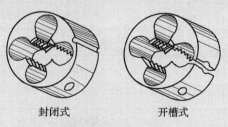

封闭式　　　　　开槽式

图2-151　圆板牙

圆板牙的结构如图 2 – 152 所示，由切削部分、校准部分和排屑孔组成。圆板牙本身就像一个圆螺母，只是在它上面钻有 3 ~ 5 个排屑孔（容屑槽），并形成切削刃。

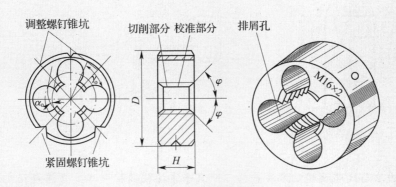

图 2 – 152 圆板牙的结构

（2）圆板牙铰杠。圆板牙铰杠是装夹圆板牙的工具，如图 2 – 153 所示。圆板牙放入后，用螺钉紧固。

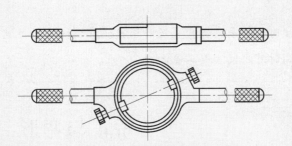

图 2 – 153 圆板牙铰杠

2. 套螺纹前圆杆直径的确定

套螺纹时圆杆直径应略小于螺纹大径，圆杆直径根据下式确定：

$$d = D - 0.13P$$

式中　d——圆杆直径，mm；

　　　D——螺纹大径，mm；

　　　P——螺距，mm。

3. 套螺纹方法

工件装夹要端正、牢固，套螺纹时的切削力矩较大，且工件都为圆杆，一般要用 V 形块或黄铜衬垫，才能保证工件夹紧可靠。工件伸出钳口的长度在不影响套螺纹所要求长度的前提下，应尽量短些。圆杆端部需要倒15°~20°锥角，使圆板牙容易对准和切入工件，如图2-154所示为圆杆倒角与套螺纹。

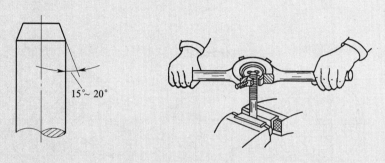

图2-154　圆杆倒角与套螺纹

起套方法与攻螺纹起攻方法一样，一只手掌按住铰杠中部，沿圆杆轴向施加压力，另一只手做顺向旋进，转动要慢，压力要大，并保证圆板牙端面与圆杆轴线的垂直度要求。板牙切入圆杆2~3牙时，应及时检查其垂直度误差并校正。

起套完成后，不要加压，让板牙自然切进，以免损坏螺纹和板牙，并要经常倒转断屑。

在钢件上套螺纹时，如手感较紧应及时退出，清理切屑后再进行，并加切削液或机油润滑，要求较高时可用菜油或二硫化钼。

课题9　　矫正与弯形

学习目标

1. 掌握矫正与弯形的操作技巧及弯形的计算方法
2. 了解矫正工具的正确使用

学习任务

矫正如图2-155所示条钢宽度方向的弯曲变形，弯制如图2-156所示工件。

如图2-155所示，该条钢弯曲不直，不能作为加工零件毛坯使用，现将该毛坯矫正平直。如图2-156所示，零件是将平直的毛坯弯成该形状，在弯形时需计算毛坯长度，使弯形后达到图样要求。

图 2 – 155 条钢宽度方向的弯曲变形

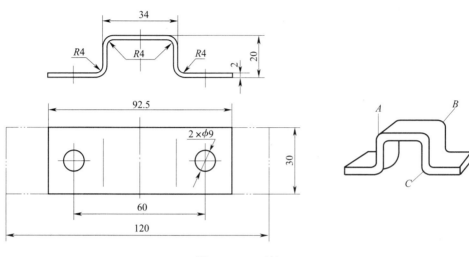

图 2 – 156 工件

相关知识

一、矫正

消除金属材料或工件不平、不直或翘曲等缺陷的加工方法，称为矫正。

按矫正时被矫正工件的温度，矫正可分为冷矫正和热矫正两种。按矫正时产生矫正力的方法不同，矫正可分为手工矫正、机械矫正、火焰矫正、高频加热点矫正等。

矫正的实质就是让金属材料产生新的塑性变形，来消除原来不应存在的塑性变形，所以只有塑性好的材料才能进行矫正。矫正后的金属材料表面硬度提高、性质变脆，这种现象称为冷作硬化。冷作硬化给继续矫正或下道工序加工带来困难，必要时应进行退火处理，恢复材料原来的力学性能。

1. 手工矫正工具

（1）平板和铁砧。平板、铁砧及台虎钳等都可以作为矫正板材、型材或工件的基座。

（2）锤子。矫正一般材料均可采用钳工锤；矫正已加工表面、薄钢件或有色金属制件时，应采用铜锤、木锤或橡胶锤等软锤。如图 2 – 157 所示为用木锤矫正板料。

（3）抽条和拍板。抽条是采用条状薄板料弯成的简易手工工具，用于抽打较大面积的板料，如图 2 – 158 所示。拍板是用质地较硬的檀木制成的专用工具，用于敲打板料。

（4）螺旋压力工具。适用于矫正较大的轴类工件或棒料。

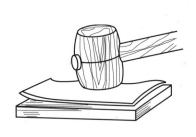

图 2 - 157　用木锤矫正板料

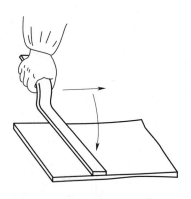

图 2 - 158　用抽条抽打板料

2. 矫正方法

（1）延展法。用锤子敲击材料，使它延展伸长达到矫正的目的。这种方法适用于金属板料及角钢的凸起、翘曲等变形的矫正。

如图 2 - 159 所示为中凸板料的矫平。薄板中间凸起变形，变形是由于凸起部位材料受力变薄引起的，矫正时应锤击板料边缘，使边缘材料延展变薄，厚度与凸起部位的厚度越接近则越平整。

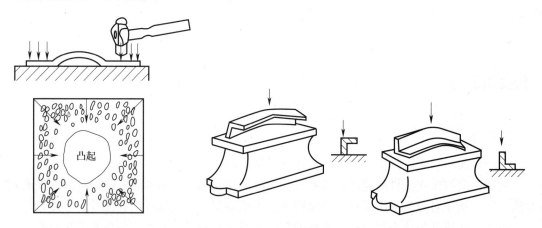

图 2 - 159　中凸板料的矫平

（2）弯形法。弯形法主要用来矫正各种轴类、棒类工件或型材的弯曲变形。

（3）扭转法。扭转法用于矫正条料的扭曲变形，如图 2 - 160 所示。

（4）伸张法。伸张法用来矫正各种细长线材的卷曲变形，如图 2 - 161 所示。

二、弯形

将坯料（如板料、条料或管子等）弯成所需要形状的加工方法，称为弯形。如图 2 - 162 所示为对直角形工件的弯形。

弯形是通过使材料产生塑性变形实现的，因此，只有塑性好的材料才能进行弯形。弯形后外层材料伸长，内层材料缩短，中间一层材料长度不变，称为中性层。弯形部分材料虽然产生拉伸和压缩，但其截面面积保持不变，如图 2 - 163 所示为弯形时中性层的位置。

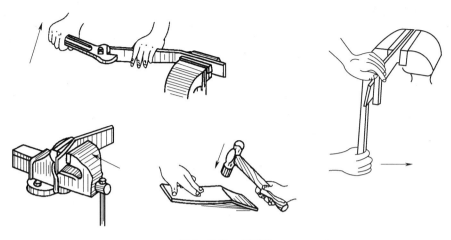

图 2 - 160　扭转法

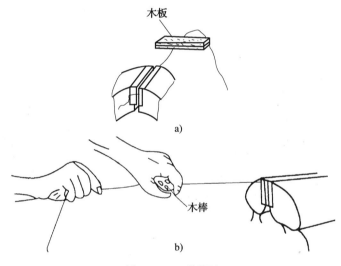

图 2 - 161　伸张法

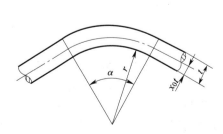

图 2 - 162　对直角形工件的弯形

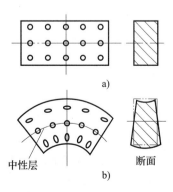

图 2 - 163　弯形时中性层的位置

a) 弯形前　b) 弯形后

1. 弯形前坯料长度的计算

坯料弯形后，只有中性层的长度不变，因此，弯形前坯料长度可按中性层的长度进行计算。但材料弯形后，中性层一般并不在材料的正中，而是偏向内层材料的一边。试验证明，中性层的实际位置与材料的弯形半径 r 和材料的厚度 t 有关。

表 2–16 为弯形中性层位置系数 x_0 的值。从表中 r/t 的值可以看出，当弯形半径 $r \geq 16t$ 时，中性层在材料的中间（即中性层与几何中心重合）。在一般情况下，为简化计算，当 $r/t \geq 8$ 时，可取 $x_0 = 0.5$ 进行计算。

表 2–16   弯形中性层位置系数 x_0 的值

$\dfrac{r}{t}$	0.25	0.5	0.8	1	2	3	4	5	6	7	8	10	12	14	≥ 16
x_0	0.2	0.25	0.3	0.35	0.37	0.4	0.41	0.43	0.44	0.45	0.46	0.47	0.48	0.49	0.5

圆弧部分中性层长度的计算公式为

$$A = \pi(r + x_0 t)\alpha/180°$$

式中 A——圆弧部分中性层长度，mm；

   r——内弯形半径，mm；

   x_0——中性层位置系数；

   t——材料厚度，mm；

   α——弯形角，（°）。

内面弯形成不带圆弧的直角制件时，其弯形部分可按弯形前后毛坯体积不变的原理进行计算，一般采用经验公式 $A = 0.5t$ 计算。

例1 把厚度 $t = 4$ mm 的钢板坯料，弯成图 2–164a 所示的制件，若弯形角 $\alpha = 120°$，内弯形半径 $r = 16$ mm，边长 $l_1 = 60$ mm、$l_2 = 120$ mm，求坯料长度 L。

解： $r/t = 16/4 = 4$，查表 2–16 得 $x_0 = 0.41$

$$L = l_1 + l_2 + A$$
$$A = \pi(r + x_0 t)\alpha/180°$$
$$= 3.14 \times (16 + 0.41 \times 4) \times 120°/180° \text{ mm}$$
$$= 36.93 \text{ mm}$$
$$L = 60 + 120 + 36.93 \text{ mm} = 216.93 \text{ mm}$$

例2 把厚度 $t = 3$ mm 的钢板坯料，弯成图 2–164b 所示的制件，若 $l_1 = 60$ mm，$l_2 = 100$ mm，求坯料长 L。

解： 因弯形制件内面带直角，所以 $L = l_1 + l_2 + A = l_1 + l_2 + 0.5t = 60 + 100 + 0.5 \times 3$ mm = 161.5 mm

由于材料本身性质的差异和弯形工艺及操作方法的不同，理论上计算的坯料长度和实际需要的坯料长度之间会有误差，因此，成批生产时要采用试弯的方法确定坯料长度，以免造成大量废品。

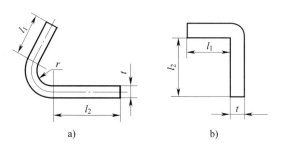

图 2-164 常见的弯形形式

2. 弯形方法

弯形方法有冷弯和热弯两种。在常温下进行的弯形叫冷弯；当弯形材料厚度超过 5 mm 及对半径较大的板料和管料工件弯形时，常需要将工件加热后再弯形，这种方法称为热弯。弯形虽然是塑性变形，但也有弹性变形存在，为抵消材料的弹性变形，弯形过程中应多弯些。

任务实施

一、矫正弯曲变形

矫正条钢宽度方向的弯曲变形，可用延展法矫直，即锤击收缩边的材料，使其延展伸长而得到矫直，如图 2-165 所示。

二、弯制多直角工件

弯制如图 2-156 所示工件，方法如图 2-166 所示。可用木垫或金属垫作为辅助工具进行弯形，其步骤如下。

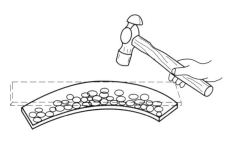

图 2-165 延展法矫直

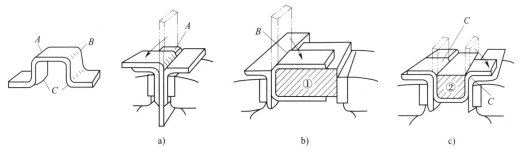

图 2-166 利用辅助工具弯形

1. 按图样下料并锉外形尺寸，宽度 30 mm 处留 0.5 mm 余量，然后按图样划线。

2. 将工件按划线夹入角铁内衬弯 A 角（见图 2-166a），再用衬垫① 弯 B 角（见图 2-166b），最后用衬垫② 弯 C 角（见图 2-166c）。

3. 对 30 mm 宽度进行锤击矫平，锉修 30 mm 宽度尺寸。

4. 按图样划线钻 $\phi9$ mm 两孔，最后对孔和各边进行倒角或倒棱。

评分标准

序号	项目与技术要求	配分	评分标准	检测结果	得分
1	用钢板尺检查矫直工件的 4 个边	40	1 处不直扣 10 分		
2	$R4$ mm（4 处）	10	1 处不合格扣 2.5 分		
3	尺寸 20 mm（2 处）	10	1 处不合格扣 5 分		
4	尺寸 34 mm	10	超差全扣		
5	尺寸 60 mm	10	超差全扣		
6	$2 \times \phi9$ mm	10	1 处不合格扣 5 分		
7	安全文明操作	10	酌情扣分		

课题 10　　刮　　削

学习目标

1. 了解刮削原理及刮削工具
2. 熟练掌握刮削操作技巧及精度检测方法

学习任务

如图 2 – 167 所示为灰铸铁（HT200）六面体工件，尺寸为 150 mm × 150 mm × 25 mm。该任务要求刮削六面体上下两个平行的大平面，直至符合图示精度要求。其中，刮削接触点数为 20 点/（25 mm × 25 mm）。

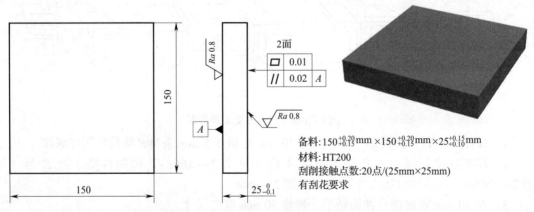

图 2 – 167　灰铸铁（HT200）六面体工件

如图 2 - 167 所示，其上下两个大平面要求具有较高的平面度精度（0.01 mm）和平行度精度（0.02 mm），同时要求较小的表面粗糙度值 Ra（≤0.8 μm），同时这两个加工面加工尺寸较大，采用以前学习过的锯削、锉削等工艺既难以加工，又无法保证精度。而刮削可以很好地解决以上问题。

相关知识

一、刮削原理

刮削是把显示剂涂在工件或校准工具的表面，然后相互配合推研，可使工件被刮削表面较高的部位直观显现出来，用刮刀即可准确刮去突出点的金属。因刮削行程中的切削量和切削力较小，切削热及切削变形很少，经过反复多次推研、刮削，可使工件达到所要求的尺寸精度、几何精度、接触精度和较小的表面粗糙度值。

刮削后的工件表面，受刮刀负前角切削的推挤和压光作用，组织致密，表面粗糙度值很小，且大量均布刮削过程中形成的微小凹坑，在运动配合中可以容纳润滑油，具有良好的润滑性，在保证高精度的同时可显著延长零件的使用寿命；同时排列整齐的刮花也具有一定的装饰作用。

刮削劳动强度很大，生产效率低，不利于批量生产，在规模生产中，机床导轨一般先用导轨磨床加工，再进行刮削，既可保证质量，又降低了成本。

二、刮削工具

1. 刮刀

刮刀有平面刮刀和曲面刮刀两种，可根据零件加工表面形状来合理选用。如图 2 - 168a 所示为平面刮刀，适用于平面刮削，也可用来刮削外曲面。如图 2 - 168b 所示为曲面刮刀，主要用来刮削内曲面（如轴瓦类零件）。

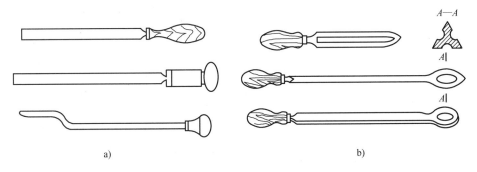

图 2 - 168 刮刀

a）平面刮刀　b）曲面刮刀

在刮削过程的不同阶段，刮刀有时需根据工序需要多次刃磨，以获得相应的头部形状和几何角度，平面刮刀不同刮削阶段的头部形状和角度要求如图 2 - 169 所示。

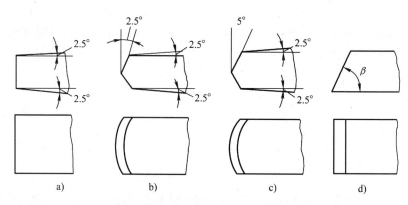

图 2 – 169　平面刮刀不同刮削阶段的头部形状和几何角度
a）粗刮刀　b）细刮刀　c）精刮刀　d）韧性材料刮刀

2. 校准工具和显示剂

校准工具和显示剂用于互研显点和准确度检验，根据需要，工件既可以和校准工具互研，也可以和配合工件互研。如图 2 – 170 所示，常用的校准工具有标准平板、标准直尺和角度直尺等，对于曲面刮削常用检验轴或配合件校准互研。显示剂目前大多采用红丹粉和蓝油。红丹粉主要用于铸铁或钢件的刮削，分为铅丹（氧化铅呈橘红色）、铁丹（氧化铁呈橘黄色）两种，使用时用机油调和。蓝油适用于精密工件、有色金属及合金刮削，用蓝粉和蓖麻油调制而成。

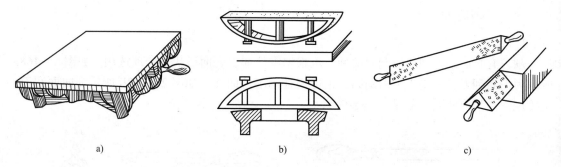

图 2 – 170　常用的校准工具
a）标准平板　b）标准直尺　c）角度直尺

三、显点

把显示剂均匀涂抹在工件或校准工具表面，然后相互推研，即可显点，如图 2 – 171 所示。显点既可用来指示零件表面高点，也可用来检验刮削质量，高质量的刮削表面，显点密集、均布、大小一致。工件在推研时要注意压力均匀，如图 2 – 172 所示，要充分考虑零件及校准工具的形状、尺寸和受力影响，尽量避免显示失真。

四、刮削方法和姿势（见图 2 – 173）

刮削方法和姿势要根据被刮削面的形状、位置、精度灵活选择，平面刮削常用的方法和姿势有挺刮法和手刮法两种。

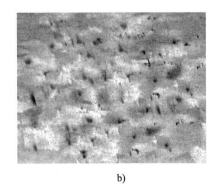

a)　　　　　　　　　　　　　　b)

图 2 - 171　显点

a) 推研前的零件表面　b) 推研后的零件表面

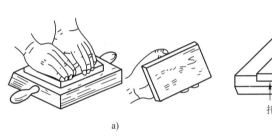
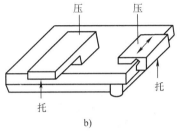

a)　　　　　　　　　　　　　　b)

图 2 - 172　推研

a) 平面工件的推研　b) 不对称工件的推研

　　挺刮时将刀柄顶在小腹右下侧，双手握刀离刃口约 80 mm 处（左手在前，右手在后）。刮削时，左手下压落刀要轻，利用腿和臀部的力量使刮刀向前推挤，双手引导刮刀前进。在推挤后的瞬间，双手将刮刀提起，完成刮削动作，如图 2 - 173a 所示。

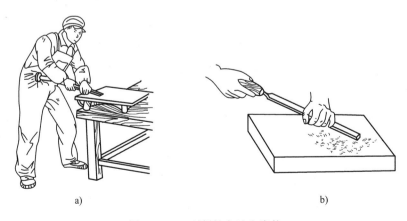

a)　　　　　　　　　　　　　　b)

图 2 - 173　刮削的方法和姿势

a) 挺刮法　b) 手刮法

　　手刮采用右手握刀柄，左手在距刀刃约 50 mm 处握住刀杆，刮刀与被刮削表面成 25°~30°角。同时，左脚前跨一步，上身向前倾。刮削时，右臂利用上身摆动向前推，左手向下压，并引导刮刀运动方向，在下压推挤的瞬间迅速抬起刮刀，完成刮削动作，如图 2-173b 所示。这种方法灵活性大，但切削量小，易疲劳。

任务实施

一、选用刮刀、显色剂和校准工具

该工件刮削表面为上下两较大平面，材料为 HT200，选用平面刮刀，显色剂选择红丹粉和机油调制，校准工具选择为大于该工件尺寸的 1 级标准平板。

二、刮削基准平面

该工件加工面较大，但形状简单，易于装夹固定，所以采用挺刮法为主，在精刮工序中，亦可辅以手刮。工件两加工面可互为基准，所以选择尺寸几何误差较小的那个平面先进行基准面刮削。基准面刮削质量一般采用显点来检验，如图 2-174a 所示。刮削分粗刮、细刮、精刮和刮花 4 个阶段进行，直至符合平面度、表面粗糙度和接触点等要求。

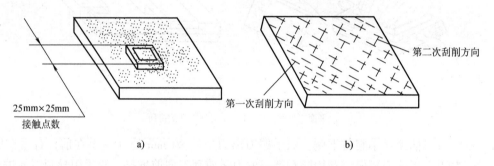

25mm×25mm
接触点数

a)

第二次刮削方向
第一次刮削方向

b)

图 2-174　刮削过程中的质量检验和刮削方向
a）质量检验　b）刮削方向

1. 粗刮

粗刮可采用连续推铲的方法，刀迹要连成一片。粗刮能很快地去除刀痕、锈斑或过多的余量。当粗刮到每 25 mm × 25 mm 的检验方框内有 2~3 个研点时，可转入细刮。

2. 细刮

细刮时，采用细刮刀短刮法，在刮削面上刮去稀疏的大块研点（俗称破点）。细刮刀痕宽而短，刀迹长度均为刀刃宽度，随研点的增多，刀迹逐步缩短。如图 2-174b 所示，每刮一遍时，须按同一方向刮削（一般与平面棱边成一定角度）；刮第二遍时，要交叉刮削，以消除原方向刀痕。在整个刮削面上研点达到 25 mm × 25 mm 的检验方框内 12~16 点时，细刮结束。

3. 精刮

精刮时，采用精刮刀点刮法（刀迹长度约为 5 mm），更仔细地刮削研点（俗称摘点），注意压力要轻，提刀要快，在每个研点上只刮一刀，不得重复刮削，并始终交叉地进行刮削。当研点增加到 25 mm × 25 mm 的检验方框内 20 点时，精刮结束。

4. 刮花

最后用刮刀在工件表面刮出装饰性花纹。常见的刮花花纹如图 2 – 175 所示。刮花的目的是使刮削面美观，并使滑动件之间有良好的润滑条件。在基准面刮花工序中，选择斜纹花刮削。

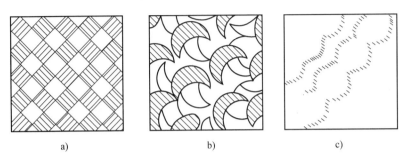

图 2 – 175　常见的刮花花纹

a）斜纹花　b）鱼鳞花　c）半月花

三、刮削基准面的平行面

基准面的平行面的大致刮削工序和基准面刮削类似，但在刮削过程中要保证两平面的平行度符合要求，两个平面的平行度用百分表检验，如图 2 – 176 所示。

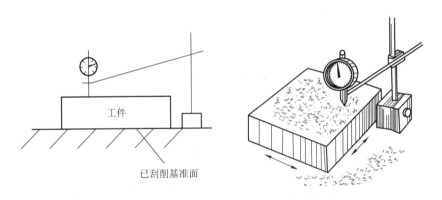

图 2 – 176　两个平面的平行度用百分表检验

1. 先用百分表测量该面对基准面的平行度误差，以确定粗刮时的刮削部位及刮削量，结合涂色显点进行粗刮，以保证平面度要求。

2. 在保证平面度和初步达到平行度的情况下进入细刮。细刮时根据涂色显点来确定刮削部位，同时结合百分表进行测量，并刮削修正。

3. 细刮达到要求后按研点进行精刮，直至达到表面粗糙度及接触点要求。

4. 精刮结束后选用鱼鳞花刮削，进行刮花装饰，最后复检零件尺寸、平面度、平行度、表面粗糙度、接触点精度是否符合任务要求。

四、刮削面质量分析（见表 2 –17）

表 2 –17 刮削面质量分析

质量问题	特征	产生原因
深凹痕	刮削面研点局部稀少或刀迹与显示研点高低相差太多	1. 粗刮时用力不均匀，局部落刀太重或多次刀迹重叠 2. 刀刃磨得过于呈弧形
撕痕	刮削面上有粗糙的条状刮痕，较正常刀迹深	1. 刀刃不光滑和不锋利 2. 刀刃有缺口或裂纹
振痕	刮削面上出现有规则的波纹	多次同向刮削，刀迹没有交叉
划道	刮削面上划出深浅不一的直线	研点时夹有砂粒、铁屑等杂质，或显示剂不清洁
刮削面精密度不准确	显点情况无规律地改变且捉摸不定	1. 推磨研点时压力不均匀，研具伸出工件太多，按照出现的假点刮削造成误差 2. 研具本身不准确

评分标准

序号	项目与技术要求	配分	评分标准	检测结果	得分
1	刮削姿势	10	不正确扣 10 分		
2	尺寸要求 $25_{-0.1}^{0}$ mm	10	尺寸不合格扣 10 分		
3	平面度要求 0.01 mm（2 面）	10	超差每面扣 5 分		
4	平行度要求 0.02 mm	10	超差全扣		
5	表面粗糙度值 Ra 要求 0.8 μm（2 面）	10	超差每面扣 5 分		
6	接触点为 20 点/（25 mm×25 mm）	20	点数不够每面扣 10 分		
7	研点均匀，允差为 6 点/（25 mm×25 mm）	10	超差全扣		
8	无明显刀痕、振痕	10	不符合要求每处扣 5 分		
9	安全文明操作	10	酌情扣分		

〔知识链接〕

平面刮刀的刃磨和热处理及基准平板、垂直面、曲面刮削方法

一、平面刮刀的刃磨和热处理

1. 粗磨

粗磨在砂轮机上进行，如图 2 - 177a 所示，使刮刀刀头基本成形，为热处理做好准备。

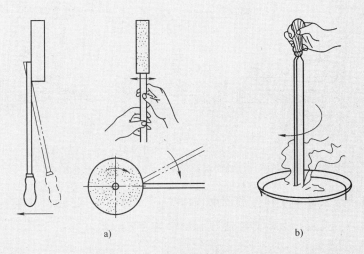

a)   b)

图 2 - 177　刮刀的粗磨和热处理

a) 粗磨　b) 热处理

2. 热处理

将粗磨好的刮刀头部（长约 25 mm），放在炉火中缓慢加热到 780 ~ 800 ℃（呈樱红色），取出后迅速放入冷水（或 10% 的盐水）中冷却，浸入深度 8 ~ 10 mm，并将刮刀沿着水面缓缓移动，待冷却到刮刀露出水面部分呈黑色时，由水中取出，观察其刃部颜色变为白色时，再迅速将刮刀浸入水中完全冷却即可，如图 2 - 177b 所示。

3. 细磨

热处理后的刮刀用细砂轮进行细磨，动作、方法与粗磨相同，其目的是使刮刀达到要求的几何形状和角度。细磨时，应避免刀口部分退火。

4. 精磨

精磨时，在油石上滴适量润滑油，先按图 2 - 178a 所示方法刃磨两后刀面，达到光洁、平整。然后精磨前刀面：一种方法是左手扶住刮刀上半部分，右手紧握刀身，

使刮刀直立在油石上，略向前倾（角度根据刮刀的不同后角而定），推时磨锐刀口，拉时刮刀提起，如此反复，直至符合形状、角度要求，刃口锋利为止，如图2-178b所示；另一种方法是将刮刀上部靠在肩上，两手握刀身，拉时磨锐刀口，推时刮刀提起，此法虽然速度慢，但易掌握，如图2-178c所示。

图2-178　刮刀精磨

a）后刀面精磨　b）前刀面精磨方法一　c）前刀面精磨方法二

二、基准平板（原始平板）的刮削方法

基准平板一般采用"三块对研法"刮制，见表2-18。

表2-18　　　　　　　　　　　基准平板的刮削方法

方法	简图
正研： 先将3块平板单独进行粗刮，去除机械加工的刀痕和锈斑等。然后将3块平板分别标号进行刮研，其过程要经过以下三个步骤的多次循环 第一步：A与B互研互刮，再以A为基准单刮C板，使相互贴合	A、B对刮　　以A为基准刮C
第二步：B与C互研互刮，再以B为基准单刮A板，使相互贴合	B、C对刮　　以B为基准刮A
第三步：C与A互研互刮，再以C为基准单刮B板，使相互贴合 然后重复三个步骤，直至达到规定要求	C、A对刮　　以C为基准刮B

续表

方法	简图
对角研： 　　在正研过程中，3块平板还应转换方向（45°）互研，以免在平板对角部位产生扭曲现象 　　经互研发现有扭曲，应根据研点修刮，直至研点分布均匀和消除扭曲，使3块平板相互之间，无论是直研、掉头研、对角研，研点情况完全相同为止	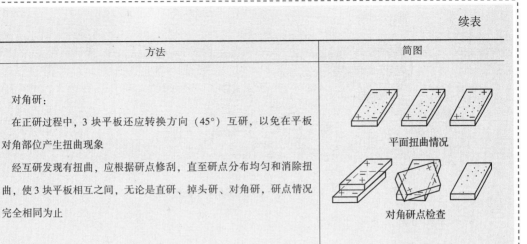 平面扭曲情况 对角研点检查

三、垂直面的刮削方法

垂直面的刮削方法与平行面刮削相似，刮削前先确定一个平面为基准面，进行粗刮、细刮、精刮后作为基准面，然后按如图 2-179 所示方法对垂直度进行测量，以确定粗刮的刮削部位和刮削量，并结合显点刮削，以保证达到平面度要求。细刮和精刮时，除按研点进行刮削外，还要不断地进行垂直度测量，直到被刮面每 25 mm × 25 mm 检验方框的研点数和垂直度都符合要求为止。

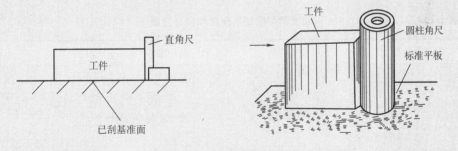

图 2-179　垂直度测量

四、曲面的刮削方法

曲面刮削一般是指内曲面刮削。其刮削的原理与平面刮削一样，但刮削方法及所用的工具不同，内曲面刮削常用三角刮刀或蛇头刮刀。刮削时，刮刀应在曲面内做后拉或前推的螺旋运动。内圆面刮削一般以校准轴（又称工艺轴）或相配合的工作轴作为内圆面研点的校准工具。如图 2-180 所示，校准时将显示剂涂布在轴的圆周面上，使轴在内曲面上来回旋转显示出研点，然后根据研点进行刮削。

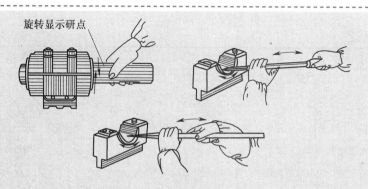

图 2-180　曲面的研点和刮削

刮削曲面时应注意以下几点。

1. 刮削时用力不可太大，否则容易发生抖动，表面产生振痕。

2. 研点时配合轴应沿内曲面来回旋转，精刮时转动弧长应小于 25 mm。切忌沿轴线方向做直线研点。

3. 每刮一遍之后，下一遍刮削应交叉进行，因为交叉刮削可避免刮削面产生波纹，研点也不会形成条状。

4. 在一般情况下由于孔的前后端磨损快，因此刮削内孔时，前后端的研点要多些，中间段的研点可以少些。

5. 曲面刮削的切削角度和用力方向见表 2-19。

表 2-19　　　　　　　　　曲面刮削的切削角度和用力方向

刮削类别	应用说明	
粗刮	γ_{ne}	刮刀呈正前角，刮出的切屑较厚，故能获得较高的刮削效率
细刮	γ_{ne}	刮刀具有较小的负前角，刮出的切屑较薄，能很好地刮去研点，并能较快地把各处集中的研点改变成均匀分布的研点
精刮	γ_{ne}	刮刀具有较大的负前角，刮出的切屑极薄，不会产生凹痕，故能获得较高的表面质量

课题 **11** 研 磨

学习目标

1. 了解研磨原理及研磨工具
2. 熟练掌握研磨操作技巧及精度检测方法

学习任务

如图 2 – 181 所示为六面体工件，尺寸为 50 mm × 25 mm × 10 mm。该任务要求研磨六面体上下两个平行平面，直至符合图示精度要求。

该工件外形尺寸不大，但上下两个平面要求极高的平面度精度（0.002 mm）和平行度精度（0.004 mm），同时要求极小的表面粗糙度值 Ra（≤0.2 μm），只有采用微量切削的研磨工艺才可达到以上要求。

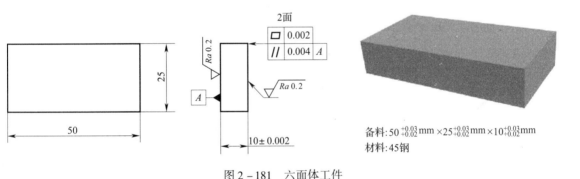

备料：50 $^{+0.03}_{+0.02}$ mm × 25 $^{+0.03}_{+0.02}$ mm × 10 $^{+0.03}_{+0.02}$ mm
材料：45钢

图 2 – 181　六面体工件

相关知识

一、研磨的原理

研磨时要将研磨剂涂敷或压嵌在研具上，通过研具与工件在一定压力下的多次相对运动进行微量切削，从而实现零件表面极高精度的精整加工。

研磨是一种微量的金属切削运动，它包含物理和化学的综合作用。

物理作用即磨料对工件的切削作用，研磨时，要求研具材料比被研磨的工件软，这样受到一定压力后，研磨剂中微小颗粒（磨料）被压嵌在研具表面上。这些细微的磨料小颗粒具有较高的硬度，成为无数个刀刃。由于研具和工件的相对运动，半固定或浮动的磨料则在工件和研具之间做运动轨迹很少重复的滑动和滚动，因而对工件产生微量的切削作用，均匀地从工件表面切去一层极薄的金属。化学作用是指当采用氧化铬、硬脂酸等化学研磨剂进行研磨时，与空气接触的工件表面会很快形成一层极薄的氧化膜，而且氧化膜又很容易被研磨掉，这就是研磨的化学作用。研磨加工实际体现了物理和化学的综合作用。

研磨的主要优点体现在其能获得极高的精度，经过精密研磨后的工件表面其表面粗糙度值 Ra 可达到 $0.05 \sim 0.2 \ \mu m$，工件尺寸精度可以达到 $0.001 \sim 0.005 \ mm$。经过研磨后的工件表面粗糙度值很小，形状准确，所以工件的抗腐蚀能力和疲劳强度也相应得到提高，从而延长了零件的使用寿命。

二、研磨余量的选择

研磨的切削量很小，一般每研磨一遍所能磨去的金属层不超过 $0.002 \ mm$，所以研磨余量不能太大。否则，会使研磨时间增加，并且研磨工具的使用寿命也要缩短。通常研磨余量控制在 $0.005 \sim 0.03 \ mm$ 范围内比较适宜。有些零件研磨余量就控制在工件的公差范围内。

三、研具

在研磨加工中，研具是保证研磨工件几何形状正确的主要因素，因此对研具的材料、精度和表面粗糙度都有较高的要求。

1. 研具的材料

研具的组织结构应细密均匀，要有很高的稳定性、耐磨性，具有较好的嵌存磨料的性能，工作面的硬度应比工件表面硬度稍软。常用的研具材料见表 2 - 20。

表 2 - 20 常用的研具材料

种类	特点及适用范围
灰铸铁	具有润滑性好，磨耗较慢，硬度适中，研磨剂在其表面容易涂布均匀等优点。它是一种研磨效果较好、价廉易得的研具材料，得到广泛的应用
球墨铸铁	比一般灰铸铁更容易嵌存磨料，且嵌得更均匀，牢固适度，同时还能增加研具的耐用度，采用球墨铸铁制作研具已得到广泛应用，尤其在精密工件的研磨上
软钢	韧性较好，不容易折断，常用来做小型的研具，如研磨螺纹和小直径工具、工件等
铜	性质较软，表面容易被磨料嵌入，适于做软钢研磨加工的研具

2. 研具的类型

生产中需要研磨的工件是多种多样的，不同形状的工件应用不同类型的研具。常用研具有下面几种。

（1）研磨平板。如图 2 - 182 所示，主要用来研磨平面，如量块、精密量具的平面等。分为槽形平板和光滑平板两种。槽形平板用于粗研，研磨时易于将工件压平，可防止将研磨面磨成凸弧面；精研时，则应在光滑平板上进行。

（2）研磨环。如图 2 - 183 所示，主要用来研磨外圆柱表面。研磨环的内径应比工件的外径大 $0.025 \sim 0.05 \ mm$。当研磨一段时间后，若研磨环内孔磨大，拧紧调节螺钉可使孔径缩小，以达到所需间隙。

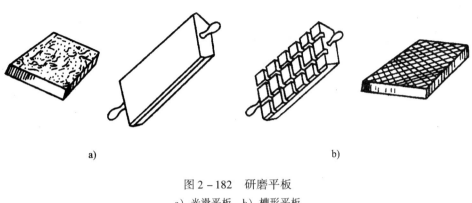

图 2 – 182　研磨平板

a）光滑平板　b）槽形平板

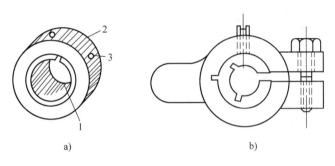

图 2 – 183　研磨环

a）环式　b）开口槽式

1—开口调节圈　2—外圈　3—调节螺钉

（3）研磨棒。主要用于圆柱孔的研磨，有固定式和可调式两种，固定式又分为光滑式和带槽式两种，如图 2 – 184 所示。固定式研磨棒制造容易，但磨损后无法补偿，多用于单件研磨或机修中。因为可调式研磨棒能在一定的尺寸范围内进行调整，所以可以延长其使用寿命，适用于成批生产，应用广泛。

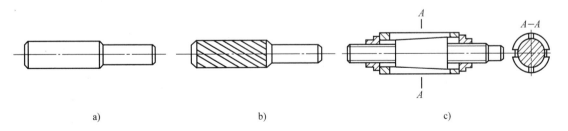

图 2 – 184　研磨棒

a）光滑式研磨棒　b）带槽式研磨棒　c）可调式研磨棒

如果把研磨环的内孔、研磨棒的外圆做成锥形，则可用来研磨外、内圆锥表面。

四、研磨剂

研磨剂是由磨料和研磨液调和而成的混合剂，有时根据需要还添加一定的研磨辅料。

1. 磨料的种类

磨料在研磨中起切削作用。研磨工作的效率、精度和表面粗糙度，都与磨料有密切的关系，常用磨料的种类与适用范围见表 2-21。

表 2-21　　　　　　　　　　　常用磨料的种类与适用范围

系列	磨料名称	磨料代号	特性	适用范围
氧化铝系	棕刚玉	A（GZ）	棕褐色，硬度高，韧性大，价格便宜	粗、精研磨钢、铸铁、黄铜
	白刚玉	WA（GB）	白色，硬度比棕刚玉高，韧性比棕刚玉差	精研磨淬火钢、高速钢、高碳钢及薄壁零件
	铬刚玉	PA（GG）	玫瑰红或紫红色，韧性比白刚玉高，磨削表面质量好	研磨量具、仪表零件及表面质量要求高的表面
	单晶刚玉	SA（GD）	淡黄色或白色，硬度和韧性比白刚玉高	研磨不锈钢、高钒高速钢等强度高、韧性大的材料
碳化物系	黑碳化硅	C（TH）	黑色有光泽，硬度比白刚玉高，性脆而锋利，导热性和导电性良好	研磨铸铁、黄铜、铝、耐火材料及非金属材料
	绿碳化硅	GC（TL）	绿色，硬度和脆性比黑碳化硅高，具有良好的导热性和导电性	研磨硬质合金、硬铬、宝石、陶瓷、玻璃等材料
	碳化硼	BC（TP）	灰黑色，硬度仅次于金刚石，耐磨性好	精研磨和抛光硬质合金、人造宝石等硬质材料
金刚石系	人造金刚石	—	无色透明或淡黄色、黄绿色或黑色，硬度高，比天然金刚石略脆，表面粗糙	粗研磨、精研磨硬质合金、人造宝石、半导体等高硬度脆性材料
	天然金刚石	—	硬度最高，价格昂贵	
其他	氧化铁	—	红色至暗红色，比氧化铬软	精研磨或抛光钢、铁、玻璃等材料
	氧化铬	—	深绿色	

2. 磨料的粒度

磨料的粗细用粒度表示。根据磨料标准规定，粒度用两种表示方法共 40 个粒度代号表示。颗粒尺寸大于 50 μm 的磨料，采用筛分法测定粒度号。粒度号代表的是磨料所通过的筛网在单位长度上所含的孔眼数。因此用这种方法表示的粒度号越大，磨料就越细，如 F70 粒度的磨料就比 F60 的细。

尺寸很小的微粉状磨料，用显微镜测量的方法测定其粒度。粒度号 W 表示微粉，阿拉伯数字表示磨料的实际宽度尺寸。例如，W40 表示颗粒最大为 40 μm。磨料的粒度，主要应根据研磨精度的高低选择，见表 2-22。

表 2 - 22　　　　　　　　　　　　　磨料的粒度选用

磨料粒度	研磨加工类别	可加工表面粗糙度值 $Ra/\mu m$
F100 ~ W50	用于最初的研磨加工	>0.4
W50 ~ W20	粗研磨加工	0.4 ~ 0.2
W14 ~ W7	半精研磨加工	0.2 ~ 0.1
W5 以下	精研磨加工	0.1 以下

3. 研磨液及研磨辅料

研磨液在研磨中起调和磨料、冷却和润滑的作用。常用的研磨液有煤油、汽油、10 号与 20 号机械油、工业甘油、透平油及熟猪油等。研磨辅料一般是黏度较大、氧化作用较强的混合脂，如油酸、脂肪酸、硬脂酸等，有时添加少量的石蜡、蜂蜡充当填料。

五、研磨轨迹与研磨方法

1. 一般平面的研磨轨迹

一般平面的研磨轨迹如图 2 - 185 所示，工件沿平板全部表面，用 8 字形、仿 8 字形或螺旋形运动轨迹进行研磨。研磨时工件受压要均匀，压力大小应适中。压力大会使研磨切削量大，表面粗糙度值大，还会使磨料压碎、划伤表面。粗研时宜施压（1 ~ 2）$\times 10^5$ Pa，精研时宜施压（1 ~ 5）$\times 10^4$ Pa。研磨速度不应太快，手工粗研时，往复 40 ~ 60 次/min；精研时，往复 20 ~ 40 次/min，否则会引起工件发热，降低研磨质量。

a)　　　　　　　　　　　　　　　　　　b)

图 2 - 185　一般平面的研磨轨迹

a）螺旋形运动轨迹　b）仿 8 字形运动轨迹

2. 狭窄平面研磨

为防止研磨平面产生倾斜和圆角，研磨时应用金属块作为"导靠"，采用直线研磨轨迹，如图 2 - 186a 所示。如要为样板研成半径为 R 的圆角，则采用摆动式直线研磨运动轨迹，如图 2 - 186b 所示。对于工件数量较多的狭窄面研磨，可采用 C 形夹固定多个工件一起研磨，如图 2 - 186c 所示。

3. 圆柱面的研磨

一般以手工与机床配合的方法进行。

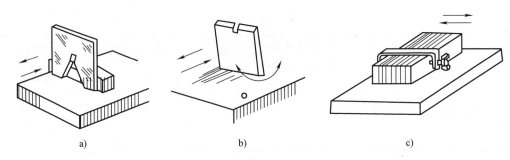

图 2 - 186　狭窄平面研磨

a）金属块当"导靠"　b）摆动式直线研磨圆角　c）多件研磨

（1）外圆柱面的研磨。工件上均匀地涂上研磨剂，套上研磨环并调整好研磨间隙（松紧以用力能转动为宜）。研磨环的内径应比工件的外径略大 0.025 ~ 0.05 mm，研磨环的长度一般为其孔径的 1 ~ 2 倍。推动研磨环，通过工件的旋转和研磨环在工件上沿轴线方向做往返移动进行研磨，如图 2 - 187 所示。一般工件的转速在直径小于 80 mm 时为 100 r/min，直径大于 100 mm 时，为 50 r/min。研磨环的往返移动速度，可根据工件在研磨时出现的网纹来控制。当出现 45°交叉网纹时，说明研磨环的移动速度适宜，如图 2 - 188 所示。

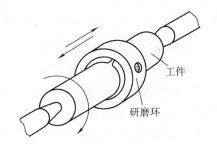

图 2 - 187　外圆柱面的研磨

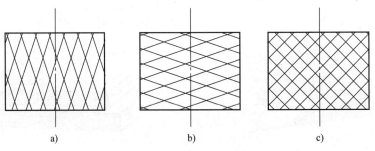

图 2 - 188　研磨环的移动速度

a）太快　b）太慢　c）适当

（2）内圆柱面的研磨。内圆柱面的研磨是将工件套在研磨棒上进行。研磨棒的外径应比工件内径小 0.01 ~ 0.025 mm。研磨棒工作部分的长度应大于工件长度，一般情况下是工件长度的 1.5 ~ 2 倍。研磨时，将研磨棒夹在车床卡盘内或两端用顶尖顶住，然后把工件套在研磨棒上进行研磨。研磨棒与工件的松紧程度，一般以手推工件时不十分费力为宜。研磨时，要及时擦掉工件两端被挤出的研磨剂，否则会研磨成喇叭口的形状。

4. 圆锥面的研磨（见图 2 - 189）

圆锥表面的研磨包括圆锥孔和外圆锥面的研磨，研磨时，必须要用与工件锥度相同的研磨棒或研磨环。

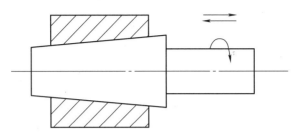

图 2-189 圆锥面的研磨

研磨时，一般在车床或钻床上进行，转动方向应和研磨棒的螺旋方向相适应。在研磨棒或研磨环上均匀地涂上一层研磨剂，插入工件锥孔中或套在工件的外锥表面，旋转 4~5 圈后，将研具稍微拔出一些，然后再推入研磨。研磨到接近要求时，取下研具，并将研磨棒和被研磨表面的研磨剂擦干净，再重复研磨（起抛光作用），直到被加工的表面呈现银灰色或发光为止。

任务实施

一、选用研具、研磨剂

如图 2-181 所示工件研磨加工面为上下两平面，材料为 45 钢，选用大于该工件尺寸的铸铁材料 1 级标准平板，也可用如图 2-167 所示的刮削加工后的平板替代。

磨料选用 W14 和 W7 的白刚玉，分别用于粗研磨和精研磨，粗研磨剂按白刚玉（W14）16 g、硬脂酸 8 g、蜂蜡 1 g、油酸 15 g、航空油 80 g、煤油 80 g 配制。在精研磨时除白刚玉改用较细的 W7 外，不加油酸，并多加煤油 15 g，其他相同。

二、研磨基准平面

基准平面研磨分为粗研磨和精研磨两个工序。

1. 粗研磨

研磨前，先用煤油或汽油把研磨平板的工作表面清洗并擦干，再在平板上涂上适当的研磨剂，然后把工件需研磨的表面贴合在平板上，沿平板的全部表面以仿 8 字形和直线式相结合的运动轨迹进行研磨，并不断地变换工件的运动方向，使磨料不断在新的方向起作用。当研磨面平面度小于 0.006 mm、表面粗糙度值 $Ra < 0.4$ μm 时即可转入精研磨。

2. 精研磨

精研磨时全部采用仿 8 字形运动轨迹，并适当控制压力，减小运动往返速率，直至研磨面平面度小于等于 0.002 mm、表面粗糙度值 $Ra < 0.2$ μm。

三、研磨基准面的平行面

基准面的平行面的研磨也采用粗研磨和精研磨两个工序，操作要点同基准面研磨类似，注意在研磨过程中根据研磨余量及时修正平行度误差，直至符合所有精度要求。

四、研磨质量分析（见表 2 – 23）

表 2 – 23 研磨质量分析

质量问题	产生原因	防止方法
表面不光洁	磨料过粗 研磨液不当 研磨剂涂得太薄	正确选用磨料 正确选用研磨液 研磨剂涂布应适当
表面拉伤	研磨剂中混入杂质	重视并做好清洁工作
平面成凸形	研磨剂涂得太厚 工件边缘被挤出的研磨剂未擦去就连续研磨	研磨剂应涂得适当 被挤出的研磨剂应擦去后再研磨

评分标准

序号	项目与技术要求	配分	评分标准	检测结果	得分
1	研磨轨迹及用力	10	总体评定		
2	尺寸要求（10 ± 0.002）mm	10	尺寸不合格扣除		
3	平面度要求 0.002 mm（2 面）	20	超差每面扣 10 分		
4	平行度要求 0.004 mm	15	超差全扣		
5	表面粗糙度值 Ra 要求为 0.2 μm（2 面）	20	不合格每面扣 10 分		
6	无明显拉伤、表面光洁	15	不符合要求扣除		
7	安全文明操作	10	酌情扣分		

课题 12 综 合 练 习

学习目标

1. 掌握划线、錾削、锯削、锉削的综合运用
2. 掌握各种量具的正确测量方法
3. 熟悉不同种类零件的加工路线

任务一 制 作 样 板

学习任务

按图 2 - 190 所示要求制作样板，时间定额为 300 min（不包括准备时间）。

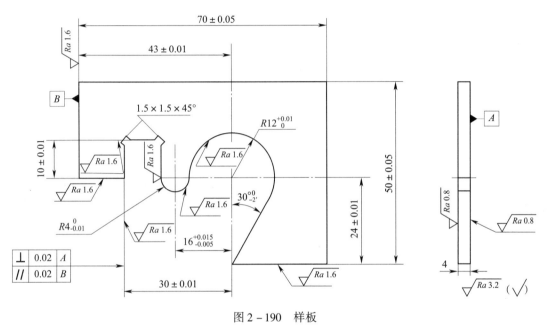

图 2 - 190 样板

分析零件图，可以看出该零件由凹凸形、内外圆弧及 30° 单燕尾组成，尺寸精度要求较高，厚度较薄，加工过程中易变形，因此加工时遵循基准统一原则。由于 $R12_{\ 0}^{+0.01}$ mm 圆弧的圆心距离外形的尺寸（43 ± 0.01）mm、（24 ± 0.01）mm 的精度要求较高，同时也是加工其他尺寸的第二基准，应优先加工；再以 $R12_{\ 0}^{+0.01}$ mm 为间接基准，依次加工其他尺寸。操作步骤为：清理、检验毛坯→修整外形→划线→加工 $R12_{\ 0}^{+0.01}$ mm 圆弧→加工（24 ± 0.01）mm 尺寸→以 $R12_{\ 0}^{+0.01}$ mm 圆弧中心为基准加工（10 ± 0.01）mm 的方孔槽→锉削 $R4_{-0.01}^{\ 0}$ mm 圆弧→锉削 30°$_{-2'}^{\ 0}$→检查、打标记、交工件。

任务实施

一、操作前准备

1. 备料：材料为 45 钢，规格及技术要求如图 2 - 191 所示。

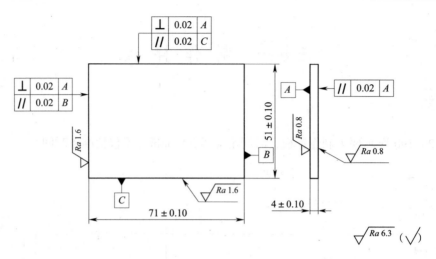

图 2 - 191　样板毛坯

2. 设备准备（见表 2 - 24）

表 2 - 24　　　　　　　　　　设备准备

序号	名称	规格	序号	名称	规格
1	划线平台	2 000 mm × 1 500 mm	5	平口钳	150 mm
2	方箱	205 mm × 205 mm × 205 mm	6	钳台、台虎钳	125 mm
3	台式钻床	—	7	砂轮机	S3SL - 250
4	立式钻床	—			

3. 工具、量具、刃具、辅具准备（见表 2 - 25）

表 2 - 25　　　　　　　　工具、量具、刃具、辅具准备

名称	规格	精度	名称	规格	精度
游标卡尺	0 ~ 150 mm	0.02 mm	千分尺	25 ~ 50 mm	0.01 mm
深度千分尺	0 ~ 25 mm	0.01 mm		50 ~ 75 mm	0.01 mm
杠杆百分表	0 ~ 10 mm	0.01mm	直角尺	50 mm × 80 mm	0 级
	0 ~ 0.8 mm	0.01 mm	刀口形直尺	75 mm	0 级
万能角度尺	0° ~ 320°	2′	直柄麻花钻	ϕ5 mm	—
直柄麻花钻	ϕ9 mm	—	半圆锉	—	—
	ϕ22 mm	—	锯弓	—	—
半径样板	R1 ~ R6.5 mm	—	锯条	—	—
	R6.5 ~ R14.5 mm	—	錾子	—	—

名称	规格	精度	名称	规格	精度
塞规	$\phi 10$ mm	H7	软钳口	—	—
表架	—	—	锉刀刷		
检验棒	$\phi 24_{-0.02}^{\ 0}$ mm × 30 mm	—	锤子		
量块	38 块一组	1 级	样冲		
平锉	—		划线针	—	—
方锉	—		划规	—	—
三角锉	—	—	钢直尺	0 ~ 150 mm	—

二、基本操作步骤

步骤 1　清理、检验毛坯

清理毛刺和油污，检验尺寸误差，检验几何误差，检验表面粗糙度值。

◆特别提示：毛刺应清理干净；各面的几何误差应在允差范围内。

步骤 2　修整外形

按图样要求修整外形尺寸，将工件外形锉削至（70 ± 0.05）mm ×（50 ± 0.05）mm。

◆特别提示：基准面的平面度误差不大于 0.01 mm，相互垂直度误差不大于 0.02 mm；加工外形尺寸时应保证 4 个侧面的相互垂直度误差不大于 0.02 mm，平面度误差不大于 0.02 mm。

步骤 3　划线

以图 2 – 191 中的 B、C 为基准面，按图 2 – 190 上的尺寸要求，在工件上划出所有加工界线。

◆特别提示：划线时，R4 mm、R12 mm 圆弧的圆心要准确，中心样冲眼必须冲准；R4 mm、R12 mm 圆弧连接应圆滑、切点准确；$30°_{-2'}^{\ 0}$ 角度线可用 60°角尺做 R12 mm 圆弧的切线，也可计算出与外形交点的尺寸后划出。

步骤 4　加工 $R12_{\ 0}^{+0.01}$ mm 圆弧

（1）按划线用 $\phi 5$ mm 钻头在 R12 mm 圆弧内钻排孔，去除余料（也可在立式钻床上钻一 $\phi 22$ mm 孔）。

（2）粗锉，用游标卡尺测量 $\phi 24$ mm 孔径，锉至 $\phi 24_{-0.2}^{-0.1}$ mm。

（3）精锉，达到技术要求。用百分表测量（43 ± 0.01）mm、（24 ± 0.01）mm 的尺寸是否准确，用 $\phi 24_{-0.02}^{\ 0}$ mm 检验棒检测 R12 mm 圆弧。

◆特别提示：

（1）锉削内圆弧面时，锉刀的选择要恰当。

（2）测量（43 ± 0.01）mm、（24 ± 0.01）mm 尺寸，应用百分表测量 R12 mm 的圆弧母线距离外形的尺寸（31 ± 0.01）mm、（12 ± 0.01）mm 而得。具体测量方法如下：把不超过三块、尺寸为 31 mm 或 12 mm 的块规放在平板上，将百分表夹持在表座上，百分表的测量触头触及块规的测量面，将百分表刻度盘调整为零线。移动百分表，将百分表触头触及工件 $R12$ mm（$\phi24$ mm）的下母线，读出误差值。

（3）精锉 $R12$ mm 圆弧时，因半径样板无法测量，用 $\phi24$ mm 检验棒应能较紧地塞入，同时 $R12$ mm 圆弧面应与 A 面垂直。

步骤 5　加工尺寸（24 ± 0.01）mm

锯削（24 ± 0.01）mm 去除余料，粗锉、细锉、精锉该面，至图样要求，尺寸用深度千分尺测量。

◆特别提示：用深度千分尺测量时，应把千分尺的工作面紧贴在工件的基准面上，防止在测量时千分尺的测量头把工件顶离工件的测量基准面。

步骤 6　以 $R12$ mm 圆弧中心为基准，加工（10 ± 0.01）mm 方孔槽

（1）用 $\phi9$ mm 钻头在方孔槽中间钻一圆孔，锯削去除余料。

（2）用方锉粗锉，用锯条锯出 1.5 mm $\times 1.5$ mm $\times 45°$ 槽，锉削（10 ± 0.01）mm 尺寸，用深度千分尺进行测量。锉削（30 ± 0.01）mm、$16^{+0.015}_{-0.005}$ mm 尺寸，用千分尺或百分表间接测量距外形的尺寸，槽的宽度用 $\phi10H7$ 塞规进行检测。

◆特别提示：

（1）加工面较小，防止锉削成喇叭口状。

（2）方孔槽的宽度图样虽没有标注，但宽度应控制在（10 ± 0.01）mm 的范围内。

步骤 7　锉削 $R4^{\ 0}_{-0.01}$ mm 圆弧

锯削去除 $R4$ mm 和 $30°^{\ 0}_{-2'}$ 余料，粗锉 $R4$ mm 圆弧，留 $0.2 \sim 0.3$ mm 余量，细锉 $R4$ mm 圆弧，留 $0.1 \sim 0.2$ mm 余量，精锉 $R4$ mm 圆弧，至图样要求。

◆特别提示：

（1）$R4$ mm 圆弧应与 $R12$ mm 和 10 mm $\times 10$ mm 方孔槽的侧面相切，且切点准确。

（2）用半径样板测量 $R4$ mm 圆弧时，半径样板应与圆弧面垂直。达到要求的圆弧透光均匀一致。

（3）$R4$ mm 的圆心尺寸（24 ± 0.01）mm，用千分尺测量弧面至底平面的尺寸做间接测量。

步骤 8　锉削 $30°$ 角度面

粗锉、细锉、精锉 $30°$ 角度面至与 $R12$ mm 圆弧相切，达到图样要求。

◆特别提示：因 $30°^{\ 0}_{-2'}$ 无法直接测量，可间接测量 $60°^{+2'}_{\ 0}$ 而得。

步骤 9　检查、打标记、交工件

（1）工件全部完成后，要做全部的尺寸、几何精度、表面粗糙度的全面检查。

（2）对不符合要求的项目进行修整。

（3）在指定的位置打上规定的标记。

（4）把工件交到指定的位置。

评分标准

项目	技术要求	配分	评分标准	检测结果	得分
尺寸	(70 ± 0.05) mm	5	超差不得分		
	(50 ± 0.05) mm	5	超差不得分		
	(43 ± 0.01) mm	5	超差不得分		
	$16_{-0.005}^{+0.015}$ mm	5	超差不得分		
	(30 ± 0.01) mm	5	超差不得分		
	(10 ± 0.01) mm	5	超差不得分		
	(24 ± 0.01) mm	5	超差不得分		
	$R12_{0}^{+0.01}$ mm	7	超差不得分		
	$R4_{-0.01}^{0}$ mm	9	超差不得分		
	$30°_{-2'}^{0}$	10	超差不得分		
表面粗糙度值 Ra	1.6 μm（9 处）	9	超差不得分		
几何公差	∥ 0.02 B	10	超差不得分		
	⊥ 0.02 A	10	超差不得分		
安全文明操作		10	酌情扣分		

任务二　制作十字镶配件

学习任务

按图 2-192 所示要求制作十字镶配件，时间定额为 360 min（不包括准备时间）。

分析零件图，可以看出该零件为对称镶配件。件 1 的加工精度是保证件 2 精度的关键，加工件 1 时应充分考虑零件的尺寸精度和对称度的要求，以实现装配位置的互换性；件 2 划线时定位一定要准确，减小划线过程中产生的误差。具体操作步骤如下：清理、检验毛坯→按图 2-192 划出件 1、件 2 轮廓尺寸线→加工件 1→加工件 2→锉配→精度复检、修整、打标记、交工件。

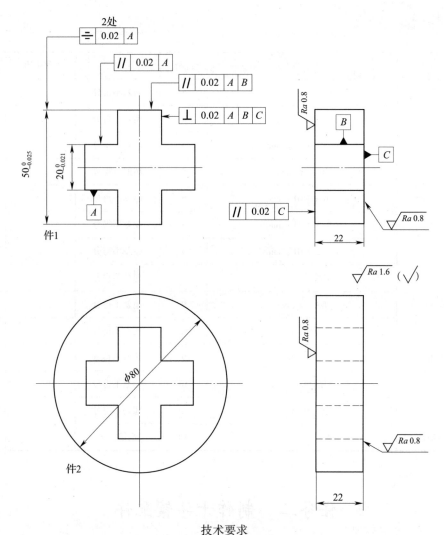

图 2 - 192　十字镶配件

技术要求

以凸件（件 1）为基准，配作凹件（件 2），配合间隙不大于 0.02 mm。

任务实施

一、操作前准备

1. 备料：材料为 45 钢，规格及技术要求如图 2 - 193 所示。

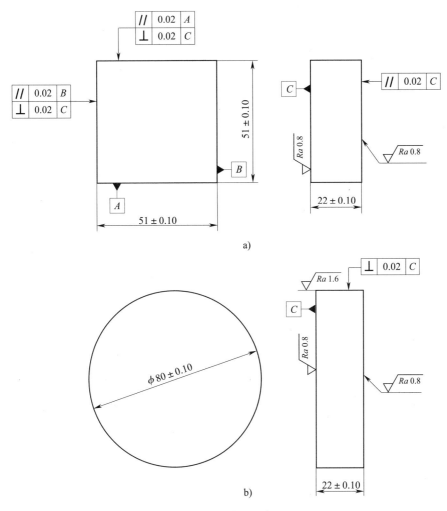

图 2 – 193　十字镶配件毛坯

a) 件 1 毛坯　b) 件 2 毛坯

2. 设备准备（见表 2 – 26）

表 2 – 26　　　　　设备准备

序号	名称	规格	序号	名称	规格
1	划线平台	2 000 mm × 1 500 mm	4	平口钳	150 mm
2	方箱	205 mm × 205 mm × 205 mm	5	钳台、台虎钳	125 mm
3	台式钻床	—	6	砂轮机	S3SL – 250

3. 工具、量具、刃具、辅具准备（见表 2 – 27）

表 2 – 27　　　　　工具、量具、刃具、辅具准备

名称	规格	精度	名称	规格	精度
游标卡尺	0 ~ 150 mm	0.02 mm	杠杆百分表	0 ~ 0.8 mm	0.01 mm
游标高度尺	0 ~ 300 mm	0.02 mm	万能角度尺	0° ~ 320°	2′

续表

名称	规格	精度	名称	规格	精度
千分尺	0～25 mm	0.01 mm	三角锉	—	—
	25～50 mm	0.01 mm	方锉	—	—
	50～75 mm	0.01 mm	整形锉	—	—
	75～100 mm	0.01 mm	锯弓	—	—
深度千分尺	0～25 mm	0.01 mm	锯条	—	—
直角尺	100 mm×63 mm	1级	錾子	—	—
刀口形直尺	125 mm	0级	软钳口	—	—
直柄麻花钻	φ5 mm	—	锤子	—	—
	φ9.7 mm	—	样冲	—	—
	φ12 mm	—	划线针	—	—
塞尺	0.02～0.5 mm	—	划规	—	—
长方直角样板	16 mm×12 mm	—	毛刷	—	—
量块	38块一组	1级	锉刀刷	—	—
磁力表架	—	—	钢直尺	0～150 mm	—
平锉	—	—	—	—	—

二、基本操作步骤

步骤1 清理、检验毛坯

（1）清理。用棉纱将工件表面油污擦净，用锉刀将工件边角毛刺清理干净。

（2）检验毛坯。用量具检查毛坯的尺寸和几何误差是否符合备料要求。

◆特别提示：毛坯的垂直度、平面度不符合要求时，一定要修好，否则会影响划线精度和测量的准确性。

步骤2 按图2-192划出件1、件2的轮廓尺寸线

（1）以图2-193中的A、B面为划线基准面，按图2-192上的尺寸要求，在工件1毛坯上划出所有加工线，并用卡尺检验划线精度。

（2）将件2毛坯放在V形架上，按图2-192上的尺寸要求，划出十字方孔槽对称中心线和所有加工线，并用游标卡尺检验划线精度。

◆特别提示：

（1）划线时，工件要放正放稳，一次划成，非加工面上不要或少留划线痕迹。

（2）用V形架支撑圆柱形件划垂直线时，一定要用直角尺找正垂直再划线。

（3）划对称部位的点或线时，要从对称中心出发上下划出，以提高划对称件的准确性。

步骤3 加工件1

（1）按划线用锯去除工件左上角中间的余料，留粗锉量。粗锉、细锉、精锉该两垂直面，用千分尺通过间接测量尺寸 a 和 b（均应在 $1/2 \times 50_{-0.025}^{0}$ mm 加 $1/2 \times 20_{-0.021}^{0}$ mm 和一半对称度值运算后所得结果的范围内，位置如图2-194所示），控制 $20_{-0.021}^{0}$ mm 尺寸的一侧面，

从而保证在取得尺寸 $20_{-0.021}^{0}$ mm 的同时，又能保证 0.02 mm 的对称度。

（2）同理加工其余 3 处垂直角六个面，间接测准尺寸 c 和 d 后，直接锉四个 $20_{-0.021}^{0}$ mm 尺寸面至图样要求。

（3）分别粗锉、细锉、精锉 $50_{-0.025}^{0}$ mm 尺寸两个面，用千分尺、百分表和量块精测，加工尺寸和对称度、平行度至图样要求。

◆特别提示：

（1）粗锉、细锉、精锉要选用不同规格的锉刀，锉削内角面的锉刀要修磨至侧边小于 90°，侧边与下齿面交棱要直，以利于清根。

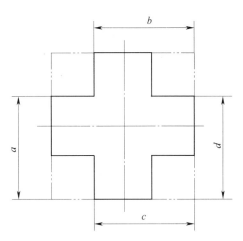

图 2-194 尺寸 a、b、c、d 位置

（2）粗锉、细锉、精锉余量分别为 0.5 mm、0.25 mm、0.1 mm 左右。每一步中的粗加工各型面完成之后，才可进行细加工各型面、精加工各型面，以保证加工精度。

（3）间接测量件 1 上 a、b、c、d 尺寸的理论误差值，要通过计算相关的工艺尺寸链得出来。

（4）加工件 1 上 4 个垂直角，一定要按正确的顺序进行，即：左上角→左下角→右上角→右下角。

（5）所有加工面均要保证与基准面 C 垂直，可用直角尺直接测得，也可用百分表测其与有关基准的平行度，间接得出与 C 面的垂直度。

（6）应用百分表测量 $20_{-0.021}^{0}$ mm 尺寸上下面的对称度和平行度时，要用手扶正件 1 并靠稳在方箱侧面进行测量，防止表接触工件测量面而使工件倾斜。

（7）为达到配合后转位互换精度，在加工件 1 各面时，必须控制垂直度误差在最小的范围内。

步骤 4　加工件 2

（1）按划线用 $\phi12$ mm 钻头在工件十字方孔的四个凹槽线中钻四个工艺孔，粗锉各面，留足细锉余量，用卡尺、长方样板粗测内形尺寸和几何误差。

（2）用方锉粗锉至线条约 0.5 mm，用锯削去除十字方孔槽中的余料，留粗锉余量。

（3）细锉各面，留精锉余量，用卡尺、样板测量件 2 各型面尺寸误差、相邻各面之间的垂直度误差，用直角尺仔细测量凹十字各面与端面的垂直度误差。

◆特别提示：

（1）件 2 各面细加工后，应留有合理、准确的精加工锉配量 0.1 mm。

（2）十字槽各面相对于对称中心面的尺寸和几何误差可用百分表、量块，结合 V 形架测控。

步骤 5　以件 1 为基准锉配件 2

（1）根据上步测量的情况，精锉件 2 内形各面，并用件 1 试配，用透光法和接触法检查。先使件 1 一头较紧配入件 2 对应处，再使相对头较紧配入件 2 对应处，然后使相邻头较紧配入件 2 对应处，最后将件 1 整体配入件 2 中，使两件推进推出自如，达到配合间隙要求。

（2）将件 1 转 90°、180°、270°试配入件 2 中，精修影响互换性的件 2 各面（选 4 号纹或 5 号纹锉刀），达到互换配合间隙精度要求。

◆特别提示：

（1）精加工锉配时的测量，一定要准确无误，每次测量时工件和量具要洁净。

（2）用透光法检查配合情况时，一定要使眼睛正对工件和光源检查。

（3）用塞尺直接测量工件平面度或配合间隙时，用力要适当，无法插入可认为达到精度要求，但也要防止工件边角有毛刺的假象。

步骤 6 精度复检、修整、打标记、交工件

（1）精度复检。对照图样要求，全面检查配合件各处尺寸精度、形位精度、表面粗糙度和间隙等。

（2）修整。对不符合要求的地方，在有可修余量的前提下，进行再加工，使之达到图样要求。

（3）打标记。按工件编号，在指定位置打标记。

（4）交工件。将工件洗净、涂油，交到指定地方。

◆特别提示：

对毛刺和锐棱要用锉刀去除和锉钝。

评分标准

项目	技术要求	配分	评分标准	检测结果	得分
尺寸	$20_{-0.021}^{0}$ mm（4 处）	16	每超差 1 处扣 4 分		
	$50_{-0.025}^{0}$ mm（2 处）	6	每超差 1 处扣 3 分		
几何公差	⏛ 0.02 A （2 处）	10	超差不得分		
	∥ 0.02 A	5	超差不得分		
	∥ 0.02 A B	5	超差不得分		
	⊥ 0.02 A B C	6	超差不得分		
表面粗糙度值 Ra	1.6 μm（24 处）	12	1 处超差扣 0.5 分		
配合	配合间隙≤0.02 mm（12 处）	18	1 处超差扣 1.5 分		
	翻转一次（12 处）	12	1 处超差扣 1 分		
安全文明操作		10	酌情扣分		

任务三 制作燕尾卡板

学习任务

按图 2-195 所示要求制作燕尾卡板，时间定额为 240 min（不包括准备时间）。

分析零件图，可以看出该零件由双燕尾、双圆弧面及精度要求较高的孔组成。由于孔的尺寸精度和几何精度要求较高，又是燕尾的设计基准，所以加工过程中应先加工孔，再加工

槽及燕尾。具体操作步骤如下：清理、检验毛坯→修整基准和外形→划线→钻孔→铰孔→加工两个内 $R10$ mm 的槽→加工燕尾→钻、铰 $\phi6H7$ 的孔→修整→检查→打标记、交工件。

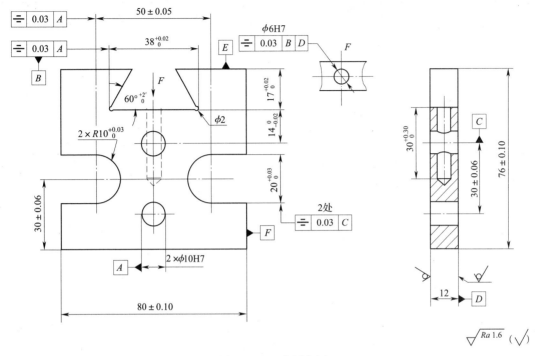

图 2 – 195 燕尾卡板

任务实施

一、操作前准备

1. 备料：材料为 45 钢，规格及技术要求如图 2 – 196 所示。

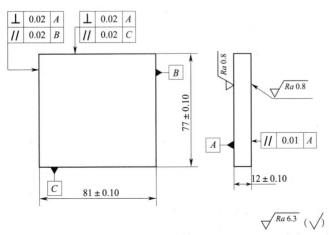

图 2 – 196 燕尾卡板毛坯

2. 设备准备（见表 2 – 28）

表 2 – 28 设备准备

序号	名称	规格	序号	名称	规格
1	划线平台	2 000 mm × 1 500 mm	4	平口钳	150 mm
2	方箱	205 mm × 205 mm × 205 mm	5	钳台、台虎钳	125 mm
3	台式钻床	—	6	砂轮机	S3SL – 250

3. 工具、量具、刃具、辅具准备（见表 2 – 29）

表 2 – 29 工具、量具、刃具、辅具准备

名称	规格	精度	名称	规格	精度
游标卡尺	0 ~ 150 mm	0.02 mm	方锉	—	—
杠杆百分表	0 ~ 0.8 mm	0.01 mm	锯弓	—	—
	0 ~ 10 mm	0.01 mm	锯条	—	—
万能角度尺	0° ~ 320°	2′	錾子	—	—
千分尺	25 ~ 50 mm	0.01 mm	软钳口	—	—
	50 ~ 75 mm	0.01 mm	划规	—	—
直角尺	50 mm × 80 mm	0 级	划线针	—	—
刀口形直尺	75 mm	0 级	样冲	—	—
分度头	FW160	—	毛刷	—	—
量块	38 块一组	1 级	锉刀刷	—	—
表架	—	—	钢直尺	0 ~ 150 mm	—
平锉	—	—	锤子	—	—
三角锉	—	—			
钻头	ϕ2 mm	—	铰刀	ϕ6H7	—
	ϕ4 mm	—		ϕ10H7	—
	ϕ6 mm	—			
	ϕ9 mm	—			
	ϕ9.8 mm	—			
	ϕ12 mm	—			

二、基本操作步骤

步骤 1　清理、检验毛坯

清理毛刺和油污，检验尺寸误差、几何误差、表面粗糙度及其他缺陷。

◆特别提示：

（1）检查毛坯外形尺寸，确定加工余量。

（2）注意检查基准 *A*、*B*、*C* 的几何误差。

步骤 2　修整基准和外形（见图 2 – 196）

（1）将工件装夹在台虎钳上（垫软钳口），锉削相互垂直的三面 *A*、*B*、*C*，将它们作为基准面，并用刀口形直尺、直角尺检验几何精度。

（2）修整外形，以 *B* 和 *C* 基准划 80 mm、76 mm 尺寸线。

（3）粗锉外形尺寸，留 0.2~0.3 mm 的细锉余量。

（4）细锉外形尺寸，留 0.1~0.15 mm 的精锉余量，注意测量锉削面的垂直度和平面度，以及外形尺寸。

（5）精锉外形尺寸，达到（80±0.10）mm、（76±0.10）mm 尺寸要求，锉削面的垂直度误差和平面度误差应不大于 0.02 mm，表面粗糙度值 *Ra* 应不大于 1.6 μm。

◆特别提示：

（1）确定基准时应符合基准的统一性原则，基准的表面应是精度高而修整余量较小的面；基准的修整要做到快速和准确，应以最小的余量加工出最精确的基准。

（2）三个基准面的垂直度误差不大于 0.02 mm，平面度误差不大于 0.02 mm，表面粗糙度值 *Ra* 应不大于 1.6 μm。

（3）根据粗锉、细锉、精锉的不同，要及时更换不同的锉刀。

步骤3　划线

（1）把工件放在划线平板上，按图 2-195 所示要求，将 *D* 基准面靠在方箱上放稳，*E* 面紧贴于划线平板上，用高度尺划出 2×ϕ10H7 孔的中心线 31 mm、61 mm，燕尾槽的深度线 17 mm，*R*10 mm 圆弧上的中心线 46 mm。

（2）把 *F* 面紧贴于划线平板，用高度尺划出对称中心线 40 mm，用坐标法划出燕尾槽的上端尺寸 49.18 mm、30.82 mm，*R*10 mm 圆弧上的中心线 65 mm、15 mm。

（3）找出 ϕ10H7 的圆心并准确冲样冲眼，用划规划出 ϕ10 mm 检查圆。

（4）将 *R*10 mm 中心线划出，并准确冲样冲眼，用划规划出 *R*10 mm 的圆弧。

（5）用高度尺划出 20 mm 的槽宽。

（6）把燕尾槽60°角度线连接划出。

◆特别提示：

（1）工件放在划线平台上时必须平稳。

（2）*D* 基准面必须要用方箱放稳妥。

（3）燕尾槽上端尺寸经计算得到：

$$40 + 38/2 - 17/\sqrt{3} \text{ mm} = 49.18 \text{ mm}$$

$$40 - 38/2 + 17/\sqrt{3} \text{ mm} = 30.82 \text{ mm}$$

步骤4　钻孔、铰孔

（1）工件装夹后，在钻床上用 ϕ6 mm 的钻头钻孔。

（2）用 ϕ9.8 mm 的钻头扩出 ϕ9.8 mm 的孔，保证孔距（30±0.06）mm。

（3）孔口要用 ϕ12 mm 的钻头倒角。

（4）铰孔时，工件装夹要正，铰削过程中，两手用力要均匀平衡，要经常变换铰刀每次停留的位置，以免在同一位置造成振痕。

（5）铰削两个 ϕ10H7 的孔达到图样要求。

（6）清理毛刺。

◆特别提示：

（1）钻孔时，工件应装夹牢靠，并应用软钳口进行装夹，以免损伤工件表面。

（2）铰孔时应加切削液进行润滑。

（3）铰孔时，不允许倒转，以免损伤孔的表面。

（4）铰削后，$2 \times \phi 10H7$ 孔的中心线应垂直于大平面。

步骤5 锉削曲面

（1）根据两个 $R10$ mm 的加工线，用 $\phi 4$ mm 的钻头钻排孔。

（2）锯削 20 mm 槽到两个 $R10$ mm 圆的切点处。

（3）用錾子把余料去除掉。

（4）粗锉、细锉两个槽，留余量 $0.2 \sim 0.3$ mm。

（5）锉削两个 $R10^{+0.03}_{0}$ mm 半圆，然后锉削 $20^{+0.03}_{0}$ mm 的槽，达到图样要求。

◆特别提示：

（1）打样冲眼时必须准确。

（2）精修时，应先锉削两个 $R10^{+0.03}_{0}$ mm 的半圆，然后锉削 $20^{+0.03}_{0}$ mm 的槽达到图样要求。

（3）锉削时，根据粗锉、细锉、精锉选用不同的锉刀，圆弧面要选用半圆锉刀锉削。

（4）锉削精修时，圆弧面要和平面的锉削纹路一致。

步骤6 加工燕尾

（1）在两个 $\phi 2$ mm 的孔中心线处打上样冲眼，钻两个 $\phi 2$ mm 的工艺孔。

（2）底槽面用 $\phi 4$ mm 的钻头钻排孔。

（3）用锯子沿 60° 的加工线锯削到 $2 \times \phi 2$ mm 工艺孔处，用錾子把余料去掉。

（4）粗锉、细锉 3 个加工面，留 $0.15 \sim 0.20$ mm 的余量。

（5）精锉槽底，用深度千分尺测量达到 $17^{+0.02}_{0}$ mm 的尺寸要求和几何公差要求。

（6）精加工燕尾两侧面，在正弦规上用杠杆百分表进行检测，保证 $60°^{+2'}_{0}$ 和尺寸 $38^{+0.02}_{0}$ mm 的要求。

◆特别提示：

（1）锉削 60° 角时，锉刀的一边要修磨成小于 60°，避免锉削一边时碰伤另一边。

（2）锉削燕尾槽底面时，注意不要锉伤两侧面。

（3）加工两侧面时，可在正弦规上进行检查。

（4）所需量块的高度：$h = L \times \sin 30° = 100 \times 1/2$ mm $= 50$ mm。

步骤7 钻、铰 $\phi 6H7$ 的孔

（1）按图 2 – 195 所示要求，以 D 面和侧面为基准，划 $\phi 6$ mm 的加工线。

（2）用游标高度尺划出检查方框。

（3）用样冲打样冲眼。

（4）用 $\phi 5.8$ mm 的钻头钻孔，注意孔深，要用游标卡尺及时测量，达到孔深 $30^{+0.30}_{0}$ mm。

（5）用 $\phi 6$ mm 的铰刀进行铰孔。

◆特别提示：

（1）钻 $\phi 5.8$ mm 的孔时，要用游标卡尺及时测量以保证孔深达到 $30^{+0.30}_{0}$ mm 的要求。

（2）铰孔时应加切削液。

（3）工件装夹时，一定要用软钳口，以免夹伤工件。

（4）铰孔时，不允许倒转，以免损伤孔的表面。

步骤8　修整

根据检查结果，确定应修整的部位。

◆特别提示：应一边检查一边修整。

步骤9　检查、打标记、交工件

（1）工件全部完成后，要求对尺寸精度、形位精度、表面粗糙度做全面检查。

（2）对不符合要求的项目进行修整。

（3）在指定的位置打上标记。

（4）把工件交到指定的位置。

评分标准

项目	技术要求	配分	评分标准	检测结果	得分
尺寸	(80 ± 0.10) mm	1	超差不得分		
	(76 ± 0.10) mm	1	超差不得分		
	(30 ± 0.06) mm（2处）	4	超差不得分		
	$R10_{\ 0}^{+0.03}$ mm（2处）	10	1处超差扣5分		
	$20_{\ 0}^{+0.03}$ mm	4	超差不得分		
	$14_{-0.02}^{\ 0}$ mm	5	超差不得分		
	$17_{\ 0}^{+0.02}$ mm	5	超差不得分		
	$38_{\ 0}^{+0.02}$ mm	5	超差不得分		
	(50 ± 0.05) mm	2	超差不得分		
	$60°_{\ 0}^{+2'}$	7	超差不得分		
孔	$30_{\ 0}^{+0.30}$ mm	1	超差不得分		
	(30 ± 0.06) mm	2	超差不得分		
	$\phi 6H7$	4	超差不得分		
	$2 \times \phi 10H7$	8	超差不得分		
几何公差	⌯ 0.03 A（2处）	9	1处超差扣4.5分		
	⌯ 0.03 C（2处）	6	1处超差扣3分		
	⌯ 0.03 B D	3	超差不得分		
表面粗糙度值 Ra	1.6 μm	13	超差不得分		
安全文明操作		10	酌情扣分		

任务四　制作梯形圆弧形镶配件

学习任务

按图 2 - 197 所示要求制作梯形圆弧形镶配件，时间定额为 360 min。

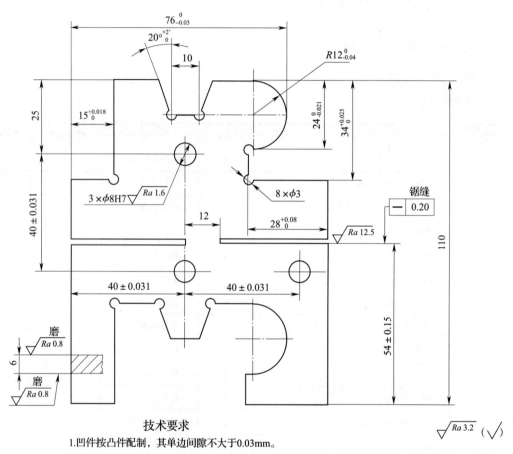

技术要求

1. 凹件按凸件配制，其单边间隙不大于0.03mm。
2. 不得锯开成两件加工，但应保证配合后三孔呈等腰三角形，孔距允差0.10mm。

图 2 - 197　梯形圆弧形镶配件

分析零件图，可以看出该零件为盲配件。它改变了以子件为标准加工母件（或以凸件为标准加工凹件）的锉配形式，所以基准的选择尤为关键。根据基准统一原则，确定图 2 - 198 所示的基准 *A*、*B*、*C* 为加工基准；基准修整按先大后小的顺序进行。具体操作步骤如下：检验毛坯→确定加工基准并修整→划线、钻孔→加工各配合面→检验、计算、修整→检查、打标记、交工件。

任务实施

一、操作前准备

1. 备料：材料为45钢，规格及技术要求如图2-198所示。

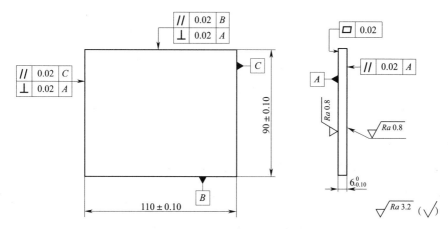

图2-198 梯形圆弧形镶配件毛坯

2. 设备准备（见表2-30）

表2-30 设备准备

序号	名称	规格	序号	名称	规格
1	划线平台	2 000 mm × 1 500 mm	4	平口钳	150 mm
2	方箱	205 mm × 205 mm × 205 mm	5	钳台、台虎钳	125 mm
3	台式钻床	—	6	砂轮机	S3SL-250

3. 工具、量具、刃具、辅具准备（见表2-31）

表2-31 工具、量具、刃具、辅具准备

名称	规格	精度	名称	规格	精度
游标高度尺	0~300 mm	0.02 mm	杠杆百分表	0~0.8 mm	0.01 mm
游标卡尺	0~150 mm	0.02 mm	表架	—	—
直角尺	100 mm × 63 mm	1级	平板	330 mm × 280 mm	1级
万能角度尺	0°~320°	2′	平锉	—	—
千分尺	0~25 mm	0.01 mm	三角锉	—	—
	25~50 mm	0.01 mm	整形锉	—	—
	50~75 mm	0.01 mm	锯弓	—	—
	75~100 mm	0.01 mm	锯条	—	—
半径样板	5~14.5 mm	0.01 mm	锤子	—	—
检验棒	φ8×30 mm	h6	錾子	—	—

名称	规格	精度	名称	规格	精度
刀口形直尺	125 mm	1 级	划线针	—	—
手用圆柱铰刀	ϕ10 mm	H7	划规	—	—
量块	38 块一组	1 级	样冲	—	—
直柄麻花钻	ϕ3 mm	—	钢直尺	—	—
	ϕ7.8 mm	—	软钳口	—	—
正弦规	100 mm × 80 mm	1 级	锉刀刷	—	—
铰杠	—	—	—	—	—

二、基本操作步骤

步骤1 检验毛坯

了解毛坯误差与加工余量，清理毛坯上的油污、毛刺等。

（1）用刀口形直尺检查毛坯上基准面 A 的平面度误差不大于 0.02 mm。

（2）用直角尺检查毛坯相邻两个侧基准面 B、C 的垂直度误差不大于 0.02 mm。

（3）用直角尺检查毛坯相邻两个侧基准面 B、C 对基准面 A 的垂直度误差不大于 0.02 mm。

（4）检查尺寸误差、表面粗糙度。

◆特别提示：检验中要保持毛坯和量具清洁，以免影响检查结果。毛坯（即备料）必须达到图 2－198 规定的各项要求。

步骤2 确定加工基准，并对基准进行修整（见图 2－198）

（1）在分析图样的基础上，确定图 2－198 所示的基准 A、B、C 为加工基准。

（2）基准如需修整，则要按先大后小的顺序进行，即 A→B→C，并将 B、C 的垂直度误差和 B、C 与 A 的垂直度误差控制在 0.02 mm 内。

◆特别提示：必须按图样的要求确定基准，并符合基准统一性原则。选作基准的表面必须是精度高而修整余量较小的表面。基准的修整要做到快速和准确，要以最小的修整余量加工出最精确的基准。

步骤3 划线、钻孔

（1）以基准面 B、C 为划线基准，用高度尺、方箱、平板、钢直尺、划规、划线针在毛坯上划出梯形圆弧形镶嵌配件轮廓线，及在 3×ϕ8H7 孔中心打上较深的样冲眼。

（2）在钻床上钻 8×ϕ3 mm 孔及 ϕ9 mm 排料孔，钻、铰 3×ϕ8H7 孔。

（3）清除毛坯上孔口等处的毛刺。

◆特别提示：划线线条要清晰明了、粗细均匀、长短合适，所有划线尺寸要准确。钻孔时应避免夹伤工件，防止工件变形，同时应正确选择钻孔切削用量。内圆弧钻 3～4 个 ϕ9 mm 排料孔，并应尽量相切，以方便排料。

步骤4 加工平面1、2、3（见图 2－199）

（1）分别锯削平面1、2、3，留加工余量 0.3～0.5 mm。

（2）交替粗锉平面1、2、3，留加工余量 0.15～0.2 mm。

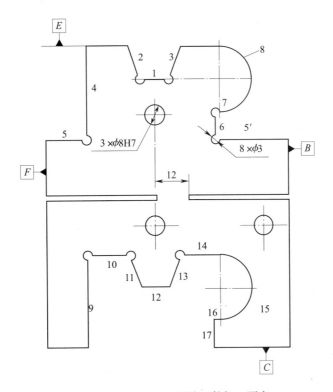

图 2-199　梯形圆弧形镶配件加工顺序

（3）交替细锉平面 1、2、3，留加工余量 0.05～0.08 mm。

（4）以基准面 B、C 为基准，精锉平面 2 至图样要求。

（5）以基准面 B、C 为基准，精锉平面 3 至图样要求。

（6）以基准面 B、C 为基准，配合正弦规，精锉 1 面至图样要求。

（7）清除平面 1、2、3 等处的毛刺。

◆特别提示：正确使用万能角度尺测量 20° 角。精锉 1、2、3 面时应配合正弦规、量块、杠杆百分表进行测量。

步骤 5　凹件的排料及粗锉

（1）此时进行凹件的排料与粗锉加工的原因是：如在凹件排料后，紧接着进行加工，则工件易产生变形，会直接影响加工质量。凹件先进行排料、粗锉削加工及上部凸件精加工，再加工凹件，可以消除排料及粗锉加工造成的变形。

（2）用锯削的方法去除凹件多余材料（可将各排料孔处用方锉锉到加工线，然后用磨窄了的锯条锯削）。

（3）按线交替粗锉凹件各面，留加工余量 0.15～0.2 mm。

◆特别提示：应使用软钳口夹持工件，防止工件被夹伤，并产生变形。应合理选用锉刀，锉刀应磨出安全边，防止锉伤邻面。锉削中还应正确运用锉削方法、步骤，锉削力量运用准确，防止锉削缺陷。保持工件、量具清洁，正确使用游标卡尺、直角尺等量具，保证测量结果准确。划线只能作为粗锉的依据，细、精锉时要以测量为依据，保证锉削精度。

步骤6 加工平面4、5（见图2-199）

（1）分别锯削平面4、5，留加工余量0.3~0.5 mm。

（2）交替粗锉平面4、5，留加工余量0.15~0.2 mm。

（3）交替细锉平面4、5，留加工余量0.05~0.08 mm。

（4）以基准面*A*、*B*为基准，精锉平面4至图样要求（基准面*A*的位置见图2-198）。

（5）以基准面*A*、*C*为基准，精锉平面5至图样要求。

（6）清除平面4、5等处的毛刺。

步骤7 加工平面5′、6、7（见图2-199）

（1）分别锯削平面5′、6、7，留加工余量0.3~0.5 mm。

（2）交替粗锉平面5′、6、7，留加工余量0.15~0.2 mm。

（3）交替细锉平面5′、6、7，留加工余量0.05~0.08 mm。

（4）以基准面*A*和平面4为基准，精锉平面6至图样要求。

（5）以基准面*A*和平面*E*为基准，精锉平面7、5′至图样要求。

（6）清除平面5′、6、7等处的毛刺。

步骤8 加工圆弧面8（见图2-199）

（1）近似锯削圆弧面8，加工余量不宜过大。

（2）粗锉圆弧面8，留加工余量0.15~0.2 mm。

（3）细锉圆弧面8，留加工余量0.05~0.08 mm。

（4）以基准面*A*和平面*F*为基准，配合使用半径样板，精锉圆弧面8至图样要求。清除圆弧面8的毛刺。

◆特别提示：正确使用半径样板测量*R*12 mm圆弧，并保证圆弧的对称性。

步骤9 加工平面9、10、11（见图2-199）

（1）检查基准是否变形，若变形则应进行修整。

（2）粗加工面9、10、11。

（3）细锉平面9、10、11，留加工余量0.05~0.08 mm。

（4）以基准面*A*、*F*为基准，精锉平面9至相配尺寸（对应凸件的实际尺寸减去1/2间隙）。

（5）以基准面*A*、*E*为基准，精锉平面10至相配尺寸（对应凸件的实际尺寸减去1/2间隙）。

（6）以基准面*A*结合正弦规、量块，精锉平面11至相配尺寸。

（7）去除平面9、10、11各处毛刺。

◆特别提示：平面11的尺寸要和平面2相适应。

步骤10 加工平面12、13、14（见图2-199）

（1）交替细锉平面12、13、14，留加工余量0.05~0.08 mm。

（2）以基准面*A*和平面1为基准，精锉平面12至适宜尺寸。

（3）以基准面*A*配合正弦规，精锉平面13至适宜尺寸。

（4）以基准面*A*和平面*C*为基准，精锉平面14至适宜尺寸。

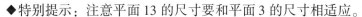

◆特别提示：注意平面 13 的尺寸要和平面 3 的尺寸相适应。

步骤 11　加工曲面 15 及平面 16、17（见图 2 - 199）

（1）交替细锉曲面 15 及平面 16、17，留加工余量 0.05 ~ 0.08 mm。

（2）以基准面 A 配合半径样板，精锉曲面 15 至相配尺寸。

（3）以基准面 A 及平面 C 为基准，精锉平面 16 至相配尺寸。

（4）以基准面 A 及平面 B 为基准，精锉平面 17 至相配尺寸。

（5）清除曲面 15 及平面 16、17 等处的毛刺。

◆特别提示：注意半径样板的正确使用。

步骤 12　检验、计算、修整

工件做完后检验，并详细计算其配合尺寸，有误差则须修整。

◆特别提示：精确计算相配合的有关尺寸，确保分割开后能配入，且单边间隙不大于
0.03 mm。

步骤 13　锯缝（见图 2 - 197）

按图样要求锯缝。

步骤 14　检查、打标记、交工件

（1）按图 2 - 197 所示的要求对工件进行全面检查。

（2）应在规定的位置打上标记。

（3）按规定整理现场，然后交工件。

评分标准

项目	技术要求	配分	评分标准	检测结果	得分
尺寸	$24_{-0.021}^{0}$ mm	5	超差不得分		
	$34_{0}^{+0.025}$ mm	5	超差不得分		
	25 mm	1	超差不得分		
	110 mm	4	超差不得分		
	90 mm	4	超差不得分		
	$15_{0}^{+0.018}$ mm	6	超差不得分		
	$76_{-0.03}^{0}$ mm	4	超差不得分		
	$20°_{0}^{+2'}$	5	超差不得分		
	（54 ± 0.15）mm	5	超差不得分		
	10 mm	1	超差不得分		
	$R12_{-0.04}^{0}$ mm	5	超差不得分		
	$28_{0}^{+0.08}$ mm	2	超差不得分		
	12 mm	1	超差不得分		

续表

项目	技术要求	配分	评分标准	检测结果	得分
孔	（40±0.031）mm	9	超差不得分		
	8×ϕ3 mm	4	超差1处扣0.5分		
	3×ϕ8H7	6	超差1处扣2分		
锯缝	⎯ 0.20	1	超差不得分		
配合	配合间隙≤0.03 mm（11处）	22	超差1处扣2分		
安全文明操作		10	酌情扣分		

模块三　常用机构装配

课题1　装配工艺概述

学习目标

1. 熟悉装配工作的基本知识，理解装配工艺规程的作用
2. 明确装配工作的组织形式并掌握装配方法
3. 了解装配工艺的制定

一、装配的基本概念

机械产品一般由许多零件和部件组成。零件是构成机器（或产品）的最小单元。按规定的技术要求，将若干零件结合成部件或若干个零件和部件结合成整机的过程称为装配。

1. 装配基准件

最先进入装配的零件或部件称为装配基准件。它可以是一个零件，也可以是低一级的装配单元。

2. 部件

两个或两个以上零件结合形成机器的某部分，如车床主轴箱、进给箱、滚动轴承等都是部件。部件是通称，其划分是多层次的。直接进入总装的部件称为组件。直接进入组件装配的部件称为分组件，其余类推。产品越复杂，分组件级数越多。

3. 装配单元

可以独立进行装配的部件（组件、分组件）称为装配单元。任何一个产品都能分成若干个装配单元。

装配是机械制造过程的最后阶段，在机械产品制造过程中占有非常重要的地位，装配工作的好坏，对产品质量起着决定性作用。

二、装配工艺过程

装配工艺过程一般由以下四个部分组成。

1. 装配前的准备工作

（1）研究装配图及工艺文件、技术资料，了解产品结构，熟悉各零部件的作用、相互关系及连接方法。

（2）确定装配方法，准备所需要的工具。

（3）对装配的零件进行清洗，检查零件加工质量，对有特殊要求的应进行平衡或压力试验。

2．装配工作

对比较复杂的产品，其装配工作分为部件装配和总装配。

（1）部件装配。凡是将两个以上零件组合在一起或将零件与几个组件结合在一起，成为一个单元的装配工作，称为部件装配。

（2）总装配。将零件、部件结合成一台完整产品的装配工作，称为总装配。

3．调整、检验和试车

（1）调整。调节零件或机械的相互位置、配合间隙、结合面松紧等，使机构或机器工作协调。

（2）检验。检验机构或机器的几何精度和工作精度。

（3）试车。试验机构或机器运转的灵活性、振动情况、工作温度、噪声、转速、功率等性能参数是否符合要求。

4．喷漆、涂油、装箱（略）

三、装配工作的组织形式

根据生产类型和产品复杂程度的不同，装配工作的组织形式一般分为固定式装配和移动式装配两种。

1．固定式装配

固定式装配是将产品或部件的全部装配工作安排在一个固定的工作地点进行。在装配过程中产品的位置不变，装配所需要的零件、部件都汇集在工作地附近，主要应用于单件生产或小批量生产中。

单件生产时（如新产品试制、模具和夹具制造等），产品的全部装配工作均在某一固定地点，由一个工人或一组工人去完成。这样的组织形式装配周期长、占地面积大，并要求工人具有综合的技能。

成批生产时，装配工作通常分为部件装配和总装配，每个部件由一个工人或一组工人来完成，然后进行总装配，一般应用于较复杂的产品，如机床、飞机的制造。

2．移动式装配

移动式装配是指工作对象（部件或组件）在装配过程中，有顺序地由一个工人转移到另一个工人。这种转移可以是装配对象的移动，也可以是工人自身的移动。通常把这种装配组织形式称为流水装配法。移动装配时，常利用传送带、滚道或轨道上行走的小车来运送装配对象，每个工作地点重复地完成固定的工作内容，并且广泛地使用专用设备和专用工具，因而装配质量好，生产效率高，生产成本降低，适用于大量生产，如汽车、拖拉机的装配。

四、装配工序及装配工步

通常将整台机器或部件的装配工作分成装配工序和装配工步顺序进行。由一个工人或一组工人在不更换设备或地点的情况下完成的装配工作，叫作装配工序。用同一工具，不改变工作方法，并在固定的位置上连续完成的装配工作，叫作装配工步。部件装配和总装配都是由若干个装配工序组成，一个装配工序可包括一个或几个装配工步。

五、常用的装配方法

装配工艺的任务就是要合理地选择装配方法和组织形式，从而高效率地装配出高质量的机器来。在长期的生产实践中，人们根据不同机器、不同生产类型的条件，创造了许多巧妙的装配工艺方法。这些保证装配精度的方法归纳起来主要有四类：完全互换装配法、选择装配法、修配装配法和调整装配法。

1. 完全互换装配法

在同类零件中，任取一个零件，不经修配即可装入部件中，并能达到规定的装配要求，这种装配方法称为完全互换装配法。此种装配法操作简便，生产效率高，容易确定装配时间，便于组织流水装配线，且零件磨损后，更换简便，但对零件加工精度要求高，制造成本随之增加，因此，适于组成环数少、精度要求不高的场合或大批量生产时采用。

2. 选择装配法

选择装配法有直接选配法和分组选配法两种。

（1）直接选配法。由装配工人直接从一批零件中选择"合适"的零件进行装配。这种方法比较简单，其装配质量凭工人的经验和感觉来确定，但装配效率不高。

（2）分组选配法。将一批零件逐一测量后，按实际尺寸的大小分成若干组。然后将尺寸大的包容件（如孔）与尺寸大的被包容件（如轴）相配，将尺寸小的包容件与尺寸小的被包容件相配。这种装配方法的配合精度取决于分组数，即增加分组数可以提高装配精度。

分组选配法因零件制造公差放大，所以加工成本降低，并且经分组选配后零件的配合精度高，但增加了对零件的测量分组工作量，并需要加强对零件的储存和运输管理，可能造成半成品和零件的积压，常用于大批量生产中装配精度要求很高、组成环数较少的场合。

3. 修配装配法

装配时，修去指定零件上预留修配量以达到装配精度的装配方法。

修配装配法是通过修配得到装配精度，可降低零件的制造精度。其装配周期长、生产效率低，对工人技术水平要求较高。修配装配法适用于单件和小批量生产以及装配精度要求高的场合。如图 3-1 所示，在卧式车床尾座装配中，用修刮尾座底板的方法来保证车床前后顶尖的等高度。

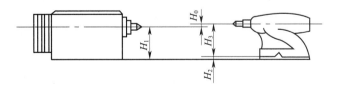

图 3-1 修刮尾座底板

4. 调整装配法（见图 3-2）

装配时调整某一零件的位置或尺寸以达到装配精度的装配方法称为调整装配法。调整装配法主要有可动调整和固定调整两种装配方法。一般采用斜面、锥面、螺纹等移动可调整件的位置；采用调换垫片、垫圈、套筒等控制调整件的尺寸。

（1）可动调整法。用改变零件位置来达到装配精度的方法。采用可动调整法可以调整由于磨损、热变形、弹性变形等所引起的误差。如图 3－2a 所示是以套筒作为调整件，装配时，使套筒沿轴向移动直至达到规定的间隙。

（2）固定调整法。在尺寸链中选定一个或加入一个零件作为调整环，通过改变调整环的尺寸，使封闭环达到精度要求的方法。作为调整环的零件是按一定尺寸间隔制成的一组专用零件，装配时，根据需要选用其中一种作为补偿来保证装配精度。如图 3－2b 所示为采用不同厚度的调整垫片来调整配合间隙。

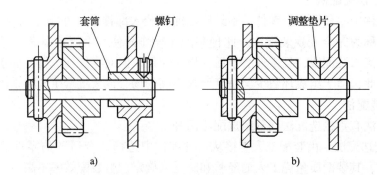

图 3－2　调整装配法
a）可动调整法　b）固定调整法

调整装配法调整维修方便、生产效率较低，除必须采用分组选配法的精密配合件外，可用于各种装配场合。

六、装配工艺规程

装配工艺规程是指规定装配部件和整个产品的工艺过程，以及该过程中所使用的设备和工具、夹具、量具等的技术文件。

装配工艺规程是提高劳动生产率、保证产品质量的必要措施，也是组织装配生产的重要依据。只有严格按工艺规程生产，才能保证装配工作顺利进行，降低成本，增加经济效益。但装配工艺规程也应随生产力的发展而不断改进。

七、装配工艺规程的制定

在编制装配工艺规程时，为了便于分析研究，首先要把产品分解，划分为若干装配单元，绘制产品装配系统图，再划分出装配工序和工步，制定装配工艺规程。

1. 产品装配系统图的绘制

表示产品装配单元的划分及其装配顺序的图称为产品装配系统图。绘制装配系统图时，先画一条横线，在横线左端画出代表基准件的长方格，在横线右端画出代表产品的长方格，然后按装配顺序从左向右将代表直接装到产品上的零件或组件的长方格从水平线引出，零件画在横线上面，组件画在横线下面。用同样方法可把每一组件及分组件的系统图展开画出。长方格内要注明零件或组件的名称、编号和件数。

如图 3－3 所示为锥齿轮轴组件的装配系统图，而其装配顺序可按图 3－4 所示进行。

产品装配系统图能反映装配的基本过程和顺序以及各部件、组件、分组件和零件的从属关系，从中可看出各工序之间的关系和采用的装配工艺等。

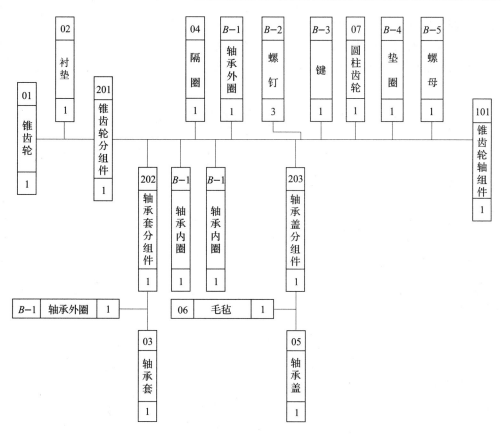

图 3－3　锥齿轮轴组件的装配系统图

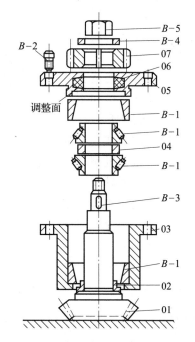

图 3－4　锥齿轮轴组件的装配顺序

2. 装配工序及装配工步的划分

由图 3-3 可看出，锥齿轮轴组件装配可分成锥齿轮分组件装配、轴承套分组件装配、轴承盖分组件装配和锥齿轮轴组件总成装配四个工序。

课题 2　　　螺纹连接装配

学习目标

1. 了解螺纹连接的特点，掌握螺纹连接的装配技术要求
2. 熟练掌握螺纹连接装拆工具的应用
3. 熟练掌握螺纹连接装拆操作要点

学习任务

如图 3-5 所示的减速器，其箱盖与箱体连接、轴承盖固定等都采用螺纹连接。从图 3-5 中可以看出，螺纹连接件数量很多，连接形式有两种，分别为螺钉连接和螺栓、螺母连接。如何正确装配螺纹连接，保证被连接件安全可靠地工作，这是本课题要解决的问题。

在机器中有许多的零件需要彼此连接，连接件间不能做相对运动的称为固定连接，能按一定形式做相对运动的称为活动连接，通常所谓的连接主要是指固定连接。固定连接一般分为可拆连接和不可拆连接，螺纹连接为固定连接中的可拆连接。

螺钉连接是螺纹固定连接中的一种方式，溜板箱与床鞍的连接采用螺钉连接即可。随着机械行业的快速发展，各种各样的螺钉、螺栓、螺母及双头螺柱的应用更为广泛。在螺纹连接的应用中，应根据两连接件的结构及使用场合的不同，合理地选择螺纹的连接形式。

螺钉连接

图 3-5　减速器

相关知识

一、螺纹连接的特点与类型

螺纹连接是一种可拆的固定连接，它具有结构简单、连接可靠、装拆方便等优点。螺纹

紧固件的尺寸、形状都已标准化和系列化，在机械中应用非常广泛。螺纹连接的主要类型有螺栓连接、双头螺柱连接、螺钉连接及紧定螺钉连接等，如图3-6所示。

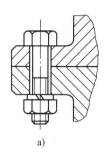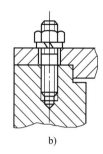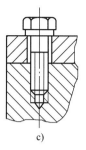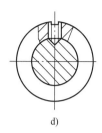

a)   b)   c)   d)

图3-6 螺纹连接的主要类型

a) 螺栓连接 b) 双头螺柱连接 c) 螺钉连接 d) 紧定螺钉连接

二、螺纹连接的装配技术要求

1. 保证一定的拧紧力矩

为达到螺纹连接可靠性和紧固的目的，螺纹连接装配时应有一定的拧紧力矩，使螺纹各牙之间产生足够的预紧力。

2. 有可靠的防松装置

螺纹连接一般都具有自锁性，通常情况下不会自行松脱，但在冲击、振动或交变载荷下，为避免螺纹连接松动，螺纹连接应使用可靠的防松装置。

3. 保证螺纹连接的配合精度

螺纹配合精度由螺纹公差带和旋合长度两个因素确定，分为精密、中等和粗糙3种。

三、螺纹连接的装拆工具

螺纹紧固件多为标准件。由于其种类繁多，形状各异，所以螺纹连接的装拆工具也有各种不同的形式，使用时应根据具体情况合理选用。此外，在成批生产和装配流水线上还广泛采用了风动、电动扳手等。

1. 螺钉旋具（见图3-7）

用于装拆头部开槽的螺钉。常用的螺钉旋具有以下几种。

（1）一字旋具。这种旋具应用广泛，其规格以旋具体部分的长度表示。常用规格有100 mm、150 mm、200 mm、300 mm和400 mm等几种，应根据螺钉沟槽的宽度选用相应的螺钉旋具。

（2）十字旋具。十字旋具主要用来装拆头部带十字槽的螺钉，其优点是旋具不易从槽中滑出。

（3）快速旋具。推压手柄，使螺旋杆通过来复孔而转动，可以快速装拆小螺钉，提高装拆速度。

（4）弯头旋具。两端各有一个刃口，互成垂直位置，适用于螺钉头顶部空间受到限制的拆装场合。

2. 扳手

扳手用来装拆六角形、正方形螺钉及各种螺母，常用工具钢、合金钢等制成。常见的扳手类型有以下几种。

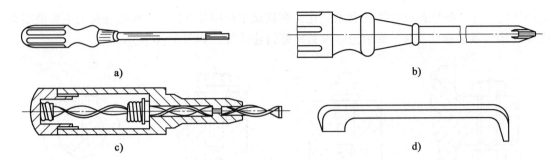

图 3 - 7　螺钉旋具

a）一字旋具　b）十字旋具　c）快速旋具　d）弯头旋具

（1）通用扳手（见图 3 - 8）。开口尺寸可在一定范围内调节。使用时让其固定钳口顺着主要作用力方向，否则容易损坏扳手。其规格用长度表示。

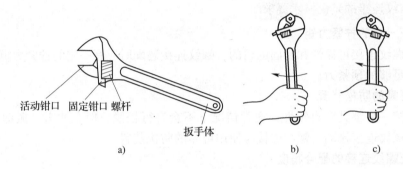

活动钳口　固定钳口　螺杆

扳手体

a）　　　　　　　　b）　　　c）

图 3 - 8　通用扳手

a）通用扳手结构　b）使用正确　c）使用不正确

（2）专用扳手

1）呆扳手（见图 3 - 9）。用于装拆六角形或方头的螺母或螺钉，有单头和双头之分。其开口尺寸与螺母或螺钉对边间距的尺寸相适应，并根据标准尺寸做成一套。

2）整体扳手（见图 3 - 10）。分为正方形、六角形、十二角形（梅花扳手）等。整体扳手只要转过 30°，就可以改换方向再扳，适用于工作空间狭小，不能容纳普通扳手的场合。

3）套筒扳手（见图 3 - 11）。由一套尺寸不等的梅花套筒组成。在受结构限制其他扳手无法装拆或为了节省装拆时间时采用，使用方便，工作效率较高。

4）锁紧扳手（见图 3 - 12）。专门用来锁紧各种结构的圆螺母。

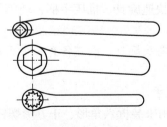

图 3 - 9　呆扳手　　　　　　图 3 - 10　整体扳手

图 3 – 11　套筒扳手

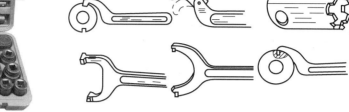

图 3 – 12　锁紧扳手

5）内六角扳手（见图 3 – 13）。用于装拆内六角螺钉。成套的内六角扳手，可供装拆 M4 ~ M30 的内六角螺钉。

图 3 – 13　内六角扳手

（3）特种扳手

1）棘轮扳手（见图 3 – 14）。使用方便，效率较高，反复摆动手柄即可逐渐拧紧螺母或螺钉。

2）管子扳手（见图 3 – 15）。用于管子的装拆。

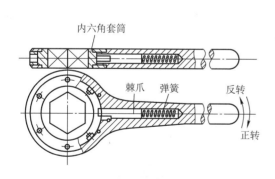

图 3 – 14　棘轮扳手

图 3 – 15　管子扳手

四、螺纹连接的装配要点

1. 螺钉、螺栓、螺母的装配要点

（1）螺栓不产生弯曲变形，螺钉头部、螺母底面应与连接件接触良好。

（2）被连接件应均匀受压，互相紧密贴合，连接牢固。

（3）拧紧成组螺钉、螺栓和螺母时，应根据被连接件的形状和螺栓分布情况，按一定的顺序逐次（一般为2~3次）拧紧，如图3-16所示为螺纹连接的拧紧顺序。

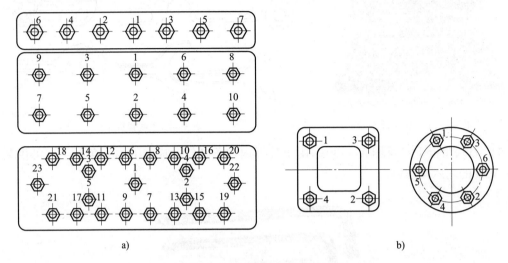

图3-16　螺纹连接的拧紧顺序

2. 双头螺柱的装配要点

（1）保证双头螺柱与机体螺纹的配合有足够的紧固性。双头螺柱的紧固形式如图3-17所示。

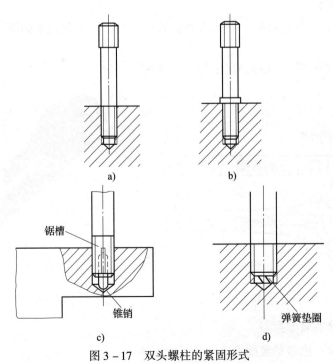

图3-17　双头螺柱的紧固形式

a）具有过盈配合的紧固　b）带有台肩的紧固　c）采用锥销紧固　d）采用弹簧止退垫圈紧固

（2）双头螺柱的轴线必须与机体表面垂直。装配时可用直角尺进行检验。如发现有较小的偏斜时，可用丝锥校正螺孔后再装配，或将装入的双头螺柱校正至垂直位置。偏斜较大时，不得强行校正，以免影响连接的可靠性。

（3）装入双头螺柱时必须用油润滑，避免旋入时产生咬合现象，也便于以后拆卸方便。双头螺柱拧紧的方法如图3-18所示。

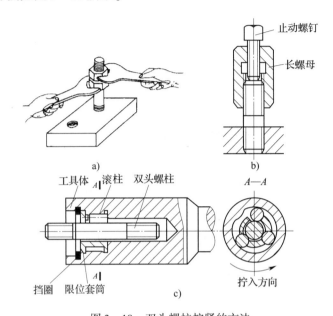

图3-18 双头螺柱拧紧的方法

a）双螺母拧紧 b）长螺母拧紧 c）专用拧紧工具拧紧

3. 螺纹连接的预紧与防松

（1）螺纹连接的预紧。一般的螺纹连接可用普通扳手或电动、风动扳手拧紧，而有规定预紧力的螺纹连接，则常用控制转矩法、控制扭角法和控制螺栓伸长法等来保证准确的预紧力。

（2）螺纹连接的防松。螺纹连接用于振动或冲击场合时会发生松动，为防止螺钉或螺母松动，必须要有可靠的防松装置。防松的根本问题在于防止螺纹副的相对转动。防松的方法很多，按工作原理不同，可分为3类：摩擦防松、机械防松、破坏螺纹副的运动关系防松。防松装置的类型及应用见表3-1。

表3-1 防松装置的类型及应用

类型		图示	特点及应用
摩擦防松	双螺母		利用主、副两个螺母，先将主螺母拧紧至预定位置，然后再拧紧副螺母。这种防松装置由于要用两个螺母，增加了结构尺寸和质量，一般用于低速、重载或较平稳的场合

类型		图示	特点及应用
摩擦防松	弹簧垫圈	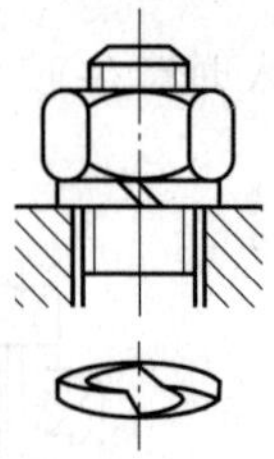	这种防松装置容易刮伤螺母和被连接件表面，同时，因弹力分布不均，螺母容易偏斜。其构造简单，一般用于工作平稳、不经常装拆的场合
机械防松	开口销与槽形螺母	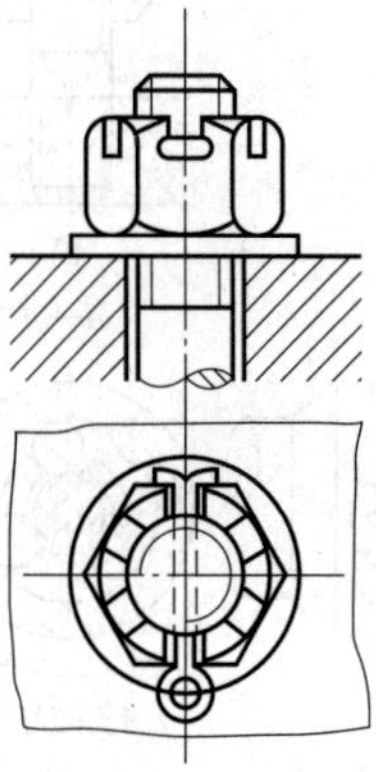	用开口销把螺母直接锁在螺栓上，它防松可靠，但螺杆上销孔位置不易与螺母最佳销紧位置的槽口吻合。多用于变载的振动场合
	圆螺母止动垫圈	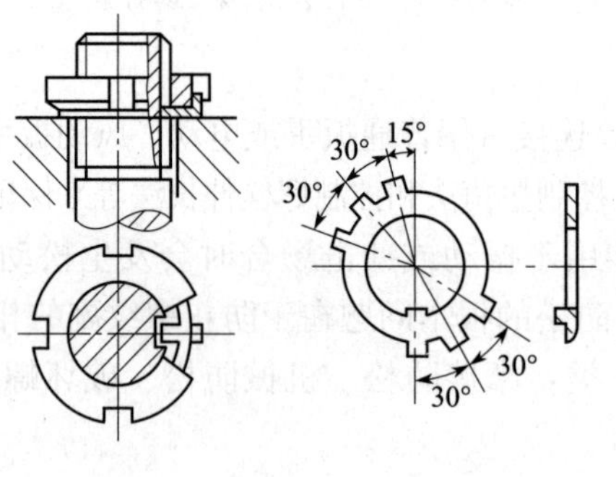	装配时，先把垫圈的内翅插入螺杆槽中，然后拧紧螺母，再把外翅弯入螺母的外缺口内。用于受力不大的螺母防松
	六角螺母止动垫圈	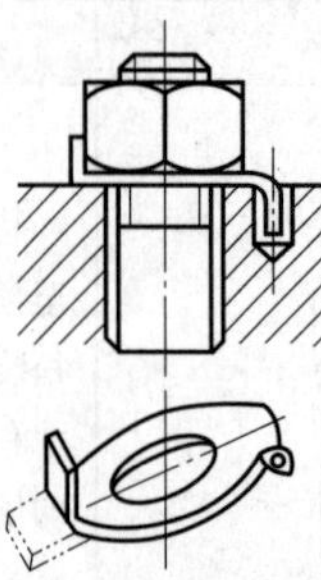	垫圈耳部分别与六角螺钉或螺母紧贴，防止回松。用于连接部分可容纳变弯耳的场合

续表

类型		图示	特点及应用
机械防松	串联钢丝	正确 错误	用钢丝穿过各螺钉或螺母头部的径向小孔，利用钢丝的牵制作用来防止回松。使用时应注意钢丝的穿绕方向。适用于布置较紧凑的成组螺纹连接
破坏螺纹副的运动关系防松	冲点和点焊	冲点　　　点焊	将螺钉或螺母拧紧后，在螺纹旋合处冲点或点焊。防松效果很好，用于不再拆卸的场合
	黏结	涂黏结剂	在螺纹旋合表面涂黏结剂，拧紧后，黏结剂自行固化，防松效果良好，且有密封作用，但不便拆卸

五、螺纹连接的损坏形式及修复

1. 螺孔损坏使配合过松。可将螺孔钻大，攻制大直径的新螺纹，配换新螺钉。当螺孔螺纹只损坏端部几扣时，可将螺孔加深，配换稍长的螺栓。

2. 螺钉、螺柱的螺纹损坏。一般更换新的螺钉、螺柱。

3. 螺柱头拧断。若螺柱断裂处在孔外，可在螺柱上锯槽、锉方或焊上一个螺母后再拧出。若断处在孔内，可用比螺纹小径小一点的钻头将螺柱钻出，再用丝锥修整内螺纹。

4. 螺钉、螺柱因锈蚀难以拆卸。可采用煤油浸润，使锈蚀处松动后再进行拆卸；也可用锤子敲打螺钉或螺母，使铁锈受振动脱落后拧出。

任务实施

一、装配前的准备

1. 技术文件：减速器装配图样。

2. 工件：按减速器图样准备装配所需的螺钉、螺栓、螺母、垫圈等。

3. 工具：相应规格的扳手。

4. 其他辅助材料：柴油、润滑油、棉纱等。

二、装配操作

1. 将螺栓、螺母或螺钉及其连接表面清理干净，去除杂物、碎屑和毛刺。

2. 在螺纹连接部分涂上润滑油。

3. 将螺栓穿入连接孔中，套上垫圈，拧上螺母。

4. 成组螺钉、螺母按一定顺序分三次拧紧，达到预紧要求。

评分标准

序号	项目与技术要求	配分	评分标准	检测结果	得分
1	装配前的准备	15	不合理扣15分		
2	正确使用工具	15	不合理扣15分		
3	螺钉不应歪斜	15	不正确扣15分		
4	预紧力	15	不达要求扣15分		
5	装拆螺纹不应乱扣	20	不正确扣20分		
6	防松可靠	10	不达要求扣10分		
7	安全文明操作	10	酌情扣分		

〔知识链接〕

销 连 接

一、销连接的特点

销连接结构简单，装拆方便，在机械中主要起定位、连接和安全保护作用，如图 3-19所示为销连接的应用。

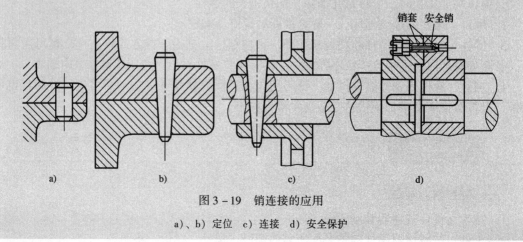

图 3-19 销连接的应用

a)、b) 定位 c) 连接 d) 安全保护销是一种标准件，形状和尺寸已标准化。其种类有圆柱销、圆锥销、开口销等，其中应用最多的是圆柱销、圆锥销。

二、圆柱销的装配

圆柱销一般靠过盈固定在销孔中，用以定位和连接。圆柱销不宜多次装拆，否则会降低定位精度和连接的紧固程度。为保证配合精度，装配前被连接件的两孔应同时钻、铰，并使孔壁表面粗糙度值 Ra 不高于 1.6 μm。装配时应在销表面涂机油，用铜棒将销轻轻敲入。

三、圆锥销的装配

圆锥销具有 1:50 的锥度，定位准确，可多次拆装而不影响定位精度。圆锥销以小端直径和长度代表其规格。装配前以小端直径选择钻头，被连接件的两孔应同时钻、铰，铰孔时，用试装法控制孔径，孔径大小以锥销长度的 80% 左右能自由插入为宜；装配时用锤子敲入，销的大头可稍微露出或与被连接件表面平齐。

应注意无论是圆柱销还是圆锥销，往不通孔中压入时，为便于装配，销上必须钻一通气小孔或在侧面开一道微小的通气小槽，供排气用。

四、销连接的拆卸及修复

拆卸普通圆柱销、圆锥销时，可用锤子或冲棒向外敲出（圆锥销由小头敲击）。如图 3-20 所示为带螺尾圆锥销的拆卸；如图 3-21 所示为带内螺纹的圆柱销和圆锥销的拆卸，可用与内螺纹相符的螺钉取出，也可以用拔销器拔出。

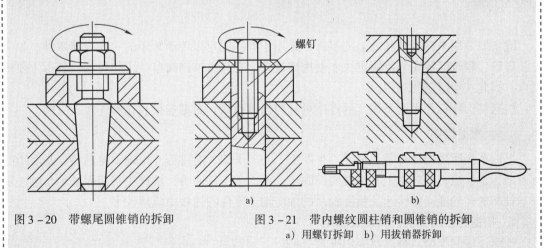

图 3-20　带螺尾圆锥销的拆卸　　图 3-21　带内螺纹圆柱销和圆锥销的拆卸
　　　　　　　　　　　　　　　　　　　　a）用螺钉拆卸　b）用拔销器拆卸

课题 **3** 键连接装配

学习目标

1. 了解键连接的特点，掌握键连接的装配技术要求
2. 熟练掌握键连接装配工艺及损坏修复方法

学习任务

如图 3 - 22 所示，大齿轮装在轴上，依靠键连接实现圆周方向的固定。为保证运动及动力的传递，键是两连接件之间采用的一种连接形式。键的装配质量直接影响传动精度和效率，故键的安装需满足各项技术要求，并达到连接的目的。键的尺寸、形状已标准化和系列化，应用广泛。本任务要求将齿轮与键连接装配良好。

键连接装配时，要根据键、键槽的配合与工作要求对键进行适当补充加工，保证被连接件正常装配和使用。

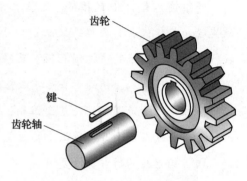

图 3 - 22　键连接

相关知识

键主要是用来连接轴和轴上的零件，并用于周向固定以传递转矩的一种机械零件。如齿轮、带轮、联轴器等在轴上固定大多使用键连接。它具有结构简单、工作可靠、装拆方便等优点，因此获得广泛的应用。

根据结构特点和用途不同，键连接可分为松键连接、紧键连接和花键连接三大类。

一、松键连接

松键连接所用的键有普通平键、半圆键、导向平键、滑键等。松键连接的特点是靠键的侧面来传递转矩，只对轴上零件做周向固定，不能承受轴向力，松键连接能保证轴与轴上零件有较高的同轴度，在转速及精度较高的轴与轴上零件的连接中应用较多。

1. 松键连接的类型、特点及应用

松键连接的类型、特点及应用见表 3 - 2。

表 3 - 2　　　　　　　　　　　　松键连接的类型、特点及应用

松键连接类型	图示	特点及应用
普通平键连接		键与轴槽采用 P9/h9 或 N9/h9 配合，键与轮毂槽采用 JS9/h9 或 P9/h9 配合，即键在轴上和轮毂上均固定。常用于高精度、传递重载荷、冲击及双向转矩的场合
半圆键连接		键在轴槽中能绕槽底圆弧摆动，采用 G9/h9 配合，键与轮毂槽采用 JS9/h9 配合。一般用于轻载，常用于轴的锥形端部
导向平键连接		键与轴槽采用 H9/h9 配合，并用螺钉固定在轴上，键与轮毂槽采用 D10/h9 配合，轴上零件能做轴向移动。常用于轴上零件轴向移动量不大的场合
滑键连接		键固定在轮毂槽中（较紧配合），键与轴槽为间隙配合，轴上零件能带动键做轴向移动。用于轴上零件轴向移动量较大的场合

2. 松键连接的装配技术要求

（1）保证键与键槽的配合要求。键与轴槽、轮毂槽的配合性质一般取决于机构的工作要求，由于键是标准件，各种不同的配合性质要靠改变轴槽、轮毂槽的极限尺寸来获得。

（2）键与键槽应具有较小的表面粗糙度值。

（3）键装入轴槽中应与槽底贴紧，键长方向与轴槽有 0.1 mm 的间隙，键的顶面与轮毂槽之间有 0.3 ~ 0.5 mm 的间隙。

3. 松键连接的装配要点

（1）对于重要的键连接，装配前应检查键的直线度、键槽对轴线的对称度及平行度等。

（2）用键的头部与轴槽试配，应能使键较紧地嵌在轴槽中（对普通平键和导向平键而言）。

（3）锉配键长时，在键长方向上键与轴槽留有 0.1 mm 左右的间隙。

（4）在配合面上加机油，用铜棒或台虎钳将键压装在轴槽中，并与槽底接触良好。

（5）试配并安装套件（如齿轮、带轮等）时，键与键槽的非配合面应留有间隙，以便轴与套件达到同轴度要求；装配后的套件在轴上不能左右摆动，否则，容易引起冲击和振动。

二、紧键连接

如图 3 - 23 所示，紧键连接常用楔键连接，楔键分普通楔键和钩头楔键两种。楔键连接的特点是上下两面是工作面，键的上表面和轮毂槽的底面均有 1 : 100 的斜度，键侧与键槽间有一定的间隙。装配时须打入，靠过盈来传递转矩。紧键连接还能轴向固定零件和传递单方向轴向力，但易使轴上零件与轴的配合产生偏心和歪斜，多用于对中性要求不高、转速较低的场合。钩头楔键用于不能从另一端将键打出的场合。

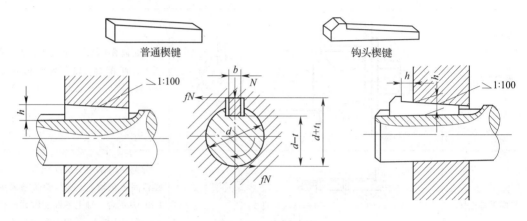

图 3 - 23　楔键连接

1. 楔键连接的装配技术要求

（1）楔键的斜度应与轮毂槽的斜度一致，否则，套件会发生歪斜，同时降低连接强度。

（2）楔键与槽的两侧面要留有一定间隙。

（3）对于钩头楔键，不应使钩头紧贴套件端面，必须留有一定的距离，以便拆卸。

2. 楔键连接的装配要点

装配楔键时，要用涂色法检查楔键上下表面与轴槽或轮毂槽的接触情况，若接触不良，应修整键槽。合格后，在配合面加润滑油，轻敲入内，保证套件周向、轴向固定可靠。

三、花键连接的装配

花键连接具有承载能力强，传递转矩大，同轴度和导向性好，对轴强度削弱小等特点，适用于大载荷和同轴度要求较高的连接，在机床和汽车工业中应用广泛。

按工作方式分，花键连接有静连接和动连接两种。花键已标准化，按齿廓形状分，花键可分为矩形花键和渐开线花键两类，如图 3 - 24 所示为矩形花键及其连接。

花键配合的定心方式有大径定心、小径定心和键侧定心三种，如图 3 - 25 所示。GB/T 1144—2001《矩形花键尺寸、公差和检验》中规定采用精度高、质量好的小径定心方式。

1. 静连接花键装配要求。套件应在花键轴上固定，故有少量过盈，装配时可用铜棒轻轻敲入，但不得过紧，以防拉伤配合表面，过盈量较大时，应将套件加热至 80 ~ 120 ℃后进行热装。

2. 动连接花键装配要求。套件在花键轴上可以自由滑动，没有阻滞现象，但间隙应适当，用手摆动套件时，不应感觉有明显的周向间隙。

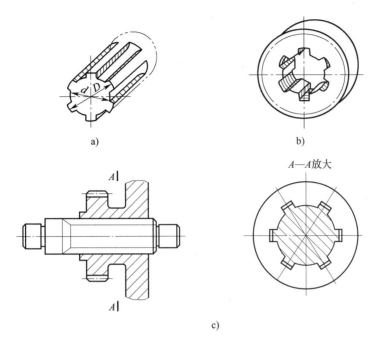

图 3 - 24 矩形花键及其连接

a）外花键 b）内花键 c）花键连接

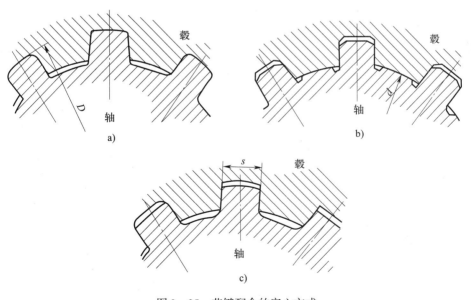

图 3 - 25 花键配合的定心方式

a）大径定心 b）小径定心 c）键侧定心

四、键的损坏形式及修复

1. 键磨损和损坏。一般应更换新键。

2. 轴与轮毂上的键槽损坏。可将轴槽和毂槽用锉削或铣削的方法将键槽加宽，再配制新键。

3. 大型花键轴磨损。可进行镀铬或堆焊，然后再加工到规定尺寸进行修复。堆焊时要缓慢冷却，以防花键轴变形。

任务实施

一、装配前的准备

1. 技术文件：减速器装配图样。

2. 工件：大齿轮、轴、普通平键。

3. 工具：游标卡尺、刀口尺、塞尺、台虎钳、锯子、锉刀、铜棒等。

4. 其他材料：柴油、润滑油、棉纱等。

二、装配操作

1. 清理键及键槽上的毛刺，以防配合时产生过大的过盈量而破坏配合的正确性。

2. 装配前检查键的直线度、键槽对轴线的对称度及平行度等。

3. 用键的头部与轴槽试配，应能使键较紧地嵌在轴槽中，满足图样配合要求。

4. 锉配键长时，在键长方向上键与轴槽留有 0.1 mm 左右的间隙。

5. 在配合面上加机油，用铜棒或台虎钳将键压装在轴槽中，并与槽底接触良好。

6. 试配并安装齿轮，键与轮毂槽的槽底为非配合面，应留有间隙；与键槽两侧面配合满足图样配合要求。装配后的套件在轴上不能左右摆动，否则，容易引起冲击和振动。

评分标准

序号	项目与技术要求	配分	评分标准	检测结果	得分
1	装配前的准备	15	不合理扣 15 分		
2	正确使用工具	15	不合理扣 15 分		
3	键长方向与轴槽间隙 0.1 mm	15	不正确扣 15 分		
4	键顶面与轮毂槽间隙 0.3~0.5 mm	15	不达要求全扣		
5	键与轴槽的配合	15	不正确全扣		
6	键与轮毂槽的配合	15	不达要求全扣		
7	安全文明操作	10	不正确全扣		

过盈连接的装配

利用材料的弹性变形，把具有一定配合过盈量的轴和孔装起来的连接，称为过盈连接，如图3-26所示。

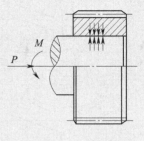

过盈连接具有结构简单，对中性好，承载能力强，在冲击和振动载荷下工作可靠等优点。缺点是对连接配合表面的加工精度要求高，装拆较困难。多用于承受重载及无须经常装拆的场合。

图3-26　过盈连接

一、过盈连接的装配要求

1. 配合表面应具有较小的表面粗糙度值。

2. 孔端和轴的进入端一般应有5°~10°的倒角。

3. 装配后的最小实际过盈量应能保证两个零件的正确位置和连接的可靠性。

4. 装配后的实际过盈量应保证不会使零件遭到损伤甚至破坏。

二、过盈连接的装配要点

1. 应保证配合表面的清洁。

2. 装配前配合表面应涂油，以防止装配时擦伤表面。

3. 装配时，压入过程应保持连续，速度通常为2~4 mm/s。

4. 对细长件或薄壁件，须注意检查过盈量和几何偏差。装配时应垂直压入，以免变形。

三、过盈连接的装配方法

1. 圆柱面过盈连接的装配

圆柱面过盈连接依靠轴、孔的尺寸差获得过盈。过盈量大小不同，采用的装配方法也不同。

（1）压入法（见图3-27）。当过盈量及配合尺寸较小时，一般采用在常温下压入装配。

（2）热胀法。装配前先将孔加热，使之胀大，然后将其套装于轴上，待孔冷却后，轴、孔就形成过盈连接。热胀配合的加热方法应根据过盈量及套件尺寸的大小选择。过盈量较小的连接件可放在沸水槽（80~100 ℃）、蒸汽加热槽（120 ℃）或热油槽（90~320 ℃）中加热；过盈量较大的小型连接件可放在电阻炉或红外线辐射加热箱中加热；过盈量大的中型和大型连接件可用感应加热器（见图3-28）加热。

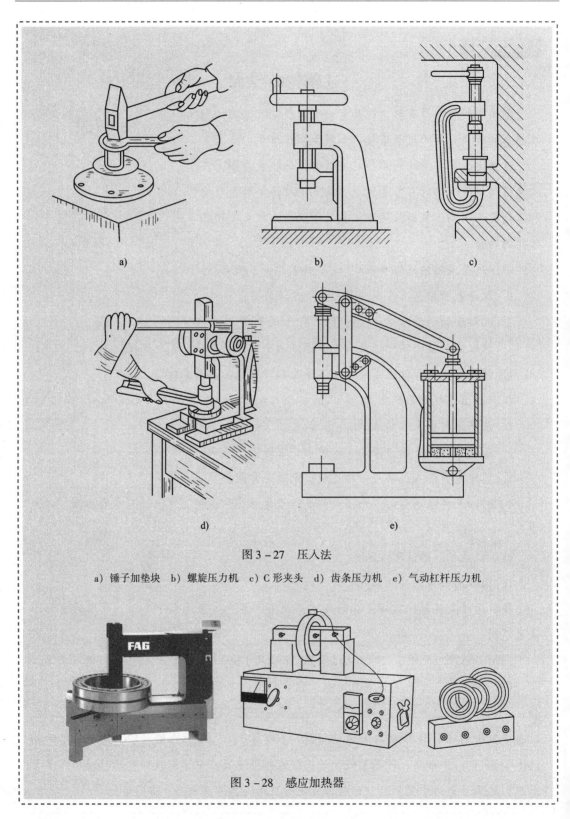

图 3 – 27　压入法

a）锤子加垫块　b）螺旋压力机　c）C 形夹头　d）齿条压力机　e）气动杠杆压力机

图 3 – 28　感应加热器

（3）冷缩法。冷缩法是将轴进行低温冷却，使之缩小，然后与常温孔装配，得到过盈连接。过盈量小的小型连接件的薄壁衬套等装配可采用干冰将轴件冷却至 -78 ℃；过盈量较大的连接件装配，可采用液氮将轴件冷却至 -195 ℃。

2. 圆锥面过盈连接的装配

圆锥面过盈连接是利用轴毂之间产生相对轴向位移来实现的，主要用于轴端连接。常用的装配方法有以下两种。

（1）螺母压紧法。如图 3 - 29 所示，拧紧螺母可使配合面压紧形成过盈连接。通常锥度取 1∶30 ~ 1∶8。

（2）液压套合法。装配时用高压油泵将油从包容件上的油孔和油沟压入配合面，如图 3 - 30a 所示；也可以从被包容件上的油孔和油沟压入配合面间，如图 3 - 30b 所示。高压油使包容件内径胀大，被包容件外径缩小，施加一定的轴向力，就能使之互相压入，当压入至预定的轴向位置后，排出高压油，即可形成过盈连接。这种方法多用于承载较大且需多次装拆的场合，尤其适用于大型零件。

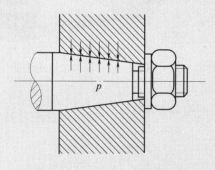

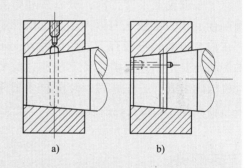

a)　　　　　　b)

图 3 - 29　拧紧螺母可使配合面压紧形成过盈连接　　图 3 - 30　液压装配圆锥面过盈连接

为避免过盈量的丧失而使配合松动，圆柱面过盈连接一般不进行拆卸。修复时，一般首先修复孔，以孔为基准，修复轴的尺寸，使轴、孔重新产生需要的过盈量。对小型、简单的配合件一般采取更换办法重新建立过盈连接；大、中型配合件可采用喷涂、涂镀、补焊等方法进行修复。

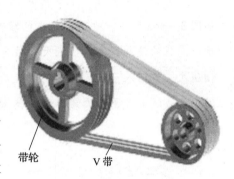

课题 4　带传动装配

学习目标

1. 掌握带传动的特点及装配技术要求
2. 了解带轮及带的装拆要点

学习任务

如图 3 – 31 所示是输送带传动装置。从电动机到减速器采用 V 带传动，物料的输送采用平带传动。本课题的任务是完成 V 带传动机构的装配工作。

V 带传动机构工作时需要传递一定的运动和动力，带在带轮上不能打滑，所以带和带轮的接触面间要有足够的接触压力以产生足够的摩擦力；带轮装在轴上转动时不能有大的径向跳动，不能产生大的振动。要正确地安装带传动机构，需要了解带传动机构的组成、工作原理、装配技术要求，掌握带轮与轴装配、V 带安装的装配要点，掌握装配质量的检验方法。

图 3 – 31　输送带传动装置

相关知识

带传动是一种常见的机械传动，它是依靠张紧在带轮上的带与带轮之间的摩擦力来传递动力的。带传动具有工作平稳、噪声小、结构简单、不需要润滑、缓冲吸振、制造容易、过载保护，并能适应中心距较大的两轴传动等优点。其缺点是传动比不准确、传动效率低。

一、带传动的种类及 V 带的型号

带传动的种类按带的形状可分为平带、V 带、多楔带、圆形带（见图 3 – 32）和同步带（见图 3 – 33）5 种。前四种依靠摩擦传递动力，同步带则依靠啮合传递动力，其中 V 带传动应用最为广泛。

根据国家标准 GB/T 11544—2012《带传动 普通 V 带和窄 V 带尺寸（基准宽度制）》，我国生产的 V 带共分为 Y、Z、A、B、C、D、E 七种型号，而线绳结构的 V 带，目前主要生产的有 Y、Z、A、B 四种型号。Y 型 V 带的节宽、顶宽和高度尺寸最小（即截面积最

小)，E 型的节宽、顶宽和高度尺寸最大（即截面积最大），如图 3 - 34 所示为各型号 V 带截面尺寸比较。生产中使用最多的 V 带是 Z、A、B 三种型号。

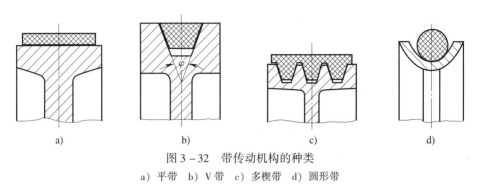

图 3 - 32　带传动机构的种类

a）平带　b）V 带　c）多楔带　d）圆形带

图 3 - 33　同步带传动

图 3 - 34　各型号 V 带截面尺寸比较

二、V 带传动机构的装配技术要求

1. 带轮安装要正确

通常要求其径向圆跳动量为（0.0025 ~ 0.005）D，轴向圆跳动量为（0.0005 ~ 0.001）D，D 为带轮直径。

2. 两轮的中间平面应重合

其倾斜角和轴向偏移量不得超过规定要求。一般倾斜角要求不超过 1°，否则会使带易脱落或加快带的侧面磨损。

3. 带轮工作表面的表面粗糙度值要适当

表面粗糙度值过低不但加工费用高，而且容易打滑；而表面粗糙度值过高则带的磨损加快。所以一般选用表面粗糙度值 Ra 为 3.2 μm。

4. 带在轮上的包角不能小于 120°

对 V 带传动，包角不能小于 120°，否则容易打滑。

5．带的张紧力要适当

张紧力过小，不能传递一定的功率；张紧力太大，则带、轴和轴承都容易磨损，并降低了传动平稳性。因此，适当的张紧力是保证带传动能正常工作的重要因素。

三、带传动机构精度检验

1．检验带轮的径向圆跳动和轴向圆跳动误差

带轮径向和轴向圆跳动误差检验如图 3 – 35 所示。

（1）将检验棒插入带轮孔中，用两顶尖支顶检验棒。

（2）将百分表测头分别置于带轮圆柱面和带轮端面靠近轮缘处。

（3）旋转带轮一周，百分表在圆柱面上的最大读数差，即为带轮径向圆跳动误差；百分表在端面上的最大读数差为带轮轴向圆跳动误差。

2．检查两带轮的相互位置精度

（1）当两带轮的中心距较小时，可用较长的钢直尺紧贴一个带轮的端面，观察另一个带轮端面是否与该带轮端面平行或在同一平面内（见图 3 – 36a）。若检验结果不符合技术要求，可通过调整电动机的位置来解决。

（2）当两带轮的中心距较大无法用钢直尺来检验时，可用拉线法检查。使拉线紧贴一个带轮的端面，以此为基准延长至另一个带轮端面，观察两带轮端面是否平行或在同一平面内（见图 3 –36b）。

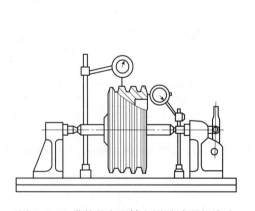

图 3 – 35　带轮径向和轴向圆跳动误差检验

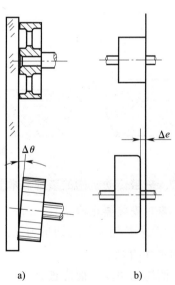

图 3 – 36　检验带轮位置精度
a）钢直尺检验　b）拉线检验

四、带传动张紧力的检查与调整

1．带传动张紧力的检查

（1）在带与带轮的两个切点 A 点与 B 点的中间，用弹簧秤垂直于带加一个载荷 G。

（2）通过测量带产生的挠度 y 来检查张紧力的大小，在 V 带传动中，规定在测量载荷

G 的作用下，产生的挠度 $y =$ （1.6l/100）mm 为适当，l 为两切点间的距离，如图 3-37 所示。

（3）可根据经验判断张紧力是否合适。用拇指按在 V 带紧边中点，能将 V 带按下 15 mm 左右即可，如图 3-38 所示。

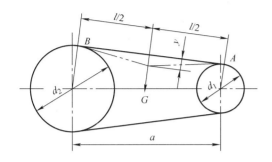

图 3-37　通过测量挠度检查张紧力

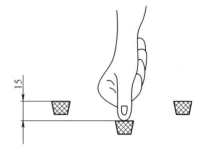

图 3-38　按下 V 带检查张紧力

2. 张紧力的调整

（1）通过改变中心距调整。

1）当带处于竖直位置时，通过旋转装置中的调整螺母，使电动机连同带轮一起绕摆动轴转动，改变带轮之间的垂直方向中心距，使张紧力增大或减小（见图 3-39）。

2）当带处于水平位置时，通过旋转调整螺钉，使电动机连同带轮一起做水平方向移动，从而改变两带轮之间的水平方向中心距，使张紧力增大或减小（见图 3-40）。

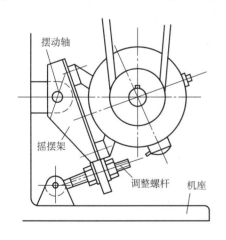

图 3-39　垂直方向

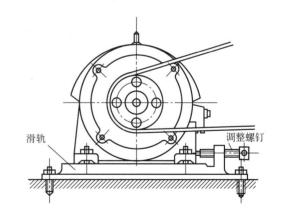

图 3-40　水平方向

（2）利用张紧轮来调整张紧力（见图 3-41）。通过改变重锤 G 到转轴 O_1 的距离来调整张紧力的大小，远离 O_1 时张紧力大，靠近 O_1 时张紧力小。

五、带轮在轴上的固定方式

一般带轮孔与轴为过渡配合，有少量过盈，同轴度较高。为传递较大转矩，还需要用紧固件做周向和轴向固定。如图 3 - 42 所示为带轮在轴上的固定方式。

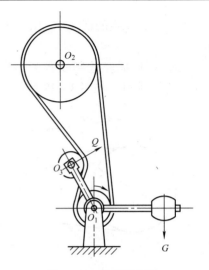

图 3 - 41　张紧轮调整

六、带传动机构的修理

1. 带轮轴颈弯曲的修理（见图 3 - 43）

（1）先将带轮从弯曲的轴颈上卸下来，然后将带轮轴从机体中取出。

（2）将带轮轴放在 V 形架上，百分表测量头放在弯曲轴颈端部的外圆上，转动带轮轴一周，在轴颈上标记百分表最大读数和最小读数处，百分表的最大读数差即为轴颈的弯曲量（见图 3 - 44）。

（3）当带轮轴颈弯曲量较小时，可用如图 3 - 45 所示的矫正方法进行修复；当弯曲量较大时，应更换新轴。

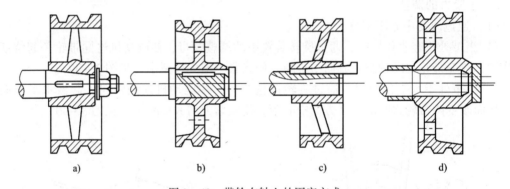

a)　　　　　　b)　　　　　　c)　　　　　　d)

图 3 - 42　带轮在轴上的固定方式

a) 圆锥轴颈固定　b) 圆柱轴颈固定　c) 楔键连接固定　d) 花键连接固定

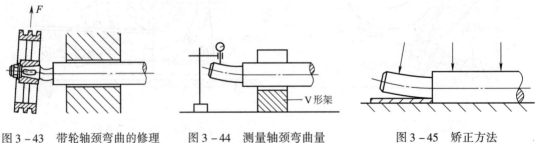

图 3 - 43　带轮轴颈弯曲的修理　　图 3 - 44　测量轴颈弯曲量　　图 3 - 45　矫正方法

2. 带轮孔与轴配合松动的修复

（1）带轮孔与轴的磨损量较小时，可先将带轮孔在车床上修光，保证其自身的形状精度合格。然后将轴颈修光（保证形状精度合格），根据孔径实际尺寸进行镀铬修复。

（2）带轮孔与带轮轴的磨损量均较大时，可先将轴颈在车床或磨床上修光，并保证其自身形状精度合格。然后将带轮孔镗大、镶套，并用骑缝螺钉固定的方法修复，如图 3 - 46 所示。

3. 带轮轮槽磨损的修复

将带轮从轮轴上卸下来，在车床上将原带轮槽车深，同时修整带轮的轮缘（见图 3 – 47），保证轮槽尺寸、形状符合要求。

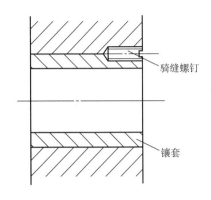

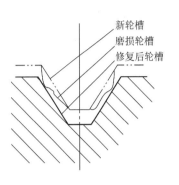

图 3 – 46　镶套、骑缝螺钉固定修复法　　　　图 3 – 47　修整带轮的轮缘

4. 带打滑的修复

在正常情况下，因带被拉长而打滑时，可通过调整张紧装置解决。若超出正常范围的拉长而引起打滑，应整组更换 V 带。

任务实施

一、装配前的准备

1. 技术文件：减速器装配图样。
2. 工件：大带轮、小带轮、V 带、普通平键、螺钉等。
3. 工具：检验平板、顶尖支架、检验棒、百分表、相应扳手、铜棒、锤头、锉刀等。
4. 其他辅助材料：柴油、润滑油、棉纱等。

二、带轮的安装

1. 清除带轮孔、轮缘、轮槽表面上的污物和毛刺。
2. 检验带轮的径向圆跳动和轴向圆跳动误差。
3. 锉配平键，保证键连接的各项技术要求。
4. 把带轮孔、轴颈清洗干净，涂上润滑油。
5. 装配带轮时，使带轮键槽与轴颈上的键对准，当孔与轴的轴线同轴后，用铜棒敲击带轮靠近孔端面处，将带轮装配到轴颈上。也可用螺旋压入工具将带轮压入轴上，如图 3 – 48 所示。
6. 检查两带轮的相互位置精度。

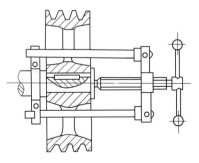

三、安装 V 带

安装 V 带时，先将其套在小带轮轮槽中，然后　图 3 – 48　用螺旋压入工具将带轮压入轴上

套在大轮上，边转动大轮，边用一字旋具将带拨入带轮槽中，具体方法如下。

1. 将 V 带套入小带轮最外端的第一个轮槽中。

2. 将 V 带套入大带轮轮槽，左手按住大带轮上的 V 带，右手握住 V 带往上拉，在拉力作用下，V 带沿着转动的方向即可全部进入大带轮的轮槽内（见图 3 – 49a）。

3. 用一字旋具撬起大带轮（或小带轮）上的 V 带，旋转带轮，即可使 V 带进入大带轮（或小带轮）的第二个轮槽内（见图 3 – 49b）。

4. 重复上述步骤 3，即可将第一根 V 带逐步拨到两个带轮的最后一个轮槽中。

5. 检查 V 带装入轮槽中的位置是否正确（见图 3 – 50）。

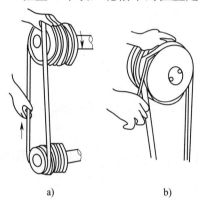

a)   b)

图 3 – 49   V 带的安装方法

a）初装入槽   b）移入第二个轮槽

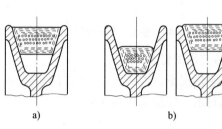

a)   b)

图 3 – 50   V 带装入轮槽中的位置

a）正确   b）不正确

评分标准

序号	项目与技术要求	配分	评分标准	检测结果	得分
1	安装前清除带轮的污物和毛刺	5	不清除扣 5 分		
2	准备工具齐全	5	工具不齐全扣 5 分		
3	百分表的使用和安装方法正确	8	使用方法不正确扣 4 分 安装方法不正确扣 4 分		
4	带轮径向圆跳动误差读数正确	10	检测部位不正确扣 5 分 读数不正确扣 5 分		
5	带轮轴向圆跳动误差读数正确	10	检测部位不正确扣 5 分 读数不正确扣 5 分		
6	带轮和轴安装部位涂油	10	不涂油每处扣 5 分		
7	两轮的相互位置精度检查方法正确	10	检查方法不正确扣 5 分 读数不正确扣 5 分		
8	安装 V 带的方法正确	16	带装入顺序不正确扣 8 分 方法不正确扣 8 分		
9	张紧力的检查方法正确	16	检查方法不正确扣 8 分 处理方法不正确扣 8 分		
10	安全文明操作	10	酌情扣分		

[知识链接]

旋转件的平衡

为了防止机器中的旋转件（如带轮、齿轮、飞轮、叶轮等各种转子）工作时因出现不平衡的惯性力而引起机械振动，造成机器工作精度降低、零件寿命缩短、噪声增大，甚至发生破坏性事故，装配前，对转速较高或"长径比"较大的旋转零件、部件都必须进行平衡，以抵消或减小不平衡惯性力，使旋转件的重心调整到转动轴中心线上。

旋转件不平衡的形式可分为静不平衡和动不平衡两类。

一、静不平衡（见图 3-51）

如图 3-51a 所示，旋转件的径向各截面上有不平衡量，由此所产生的惯性力的合力通过旋转件的重心，这种不平衡称为静不平衡。静不平衡特点是：静止时，不平衡量自然地处于铅垂线下方，如图 3-51b 所示。旋转时，不平衡惯性力只产生垂直于旋转轴线方向的振动。

消除旋转件静不平衡的方法称为静平衡法。静平衡是在圆柱形或棱形平衡支架上进行的，如图 3-52 所示为静平衡支架。静平衡的步骤如下（见图 3-53）。

1. 将待平衡的旋转件装上心轴后放在平衡支架上。

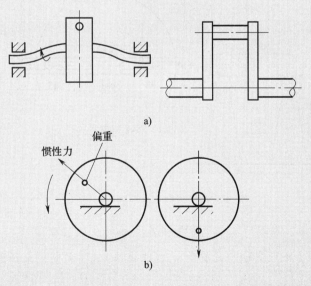

图 3-51 静不平衡

a）静不平衡形式 b）静不平衡状态

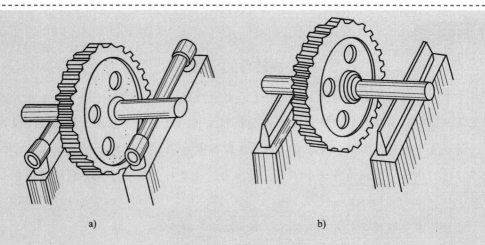

a)   b)

图 3－52　静平衡支架

a）圆柱形平衡支架　b）棱形平衡支架

2. 用手轻推旋转体使其缓慢转动。待自动静止后，在旋转件正下方做一记号，如此重复若干次，确认所做记号位置不变，则此方向为不平衡量方向。

3. 在与记号相对部位黏贴一质量为 m 的橡皮泥，使 m 对旋转中心产生的力矩，恰好等于不平衡量 m_1 对旋转中心产生的力矩，即 $mr = m_1 l$，如图 3－53 所示。此时，旋转件获得静平衡。

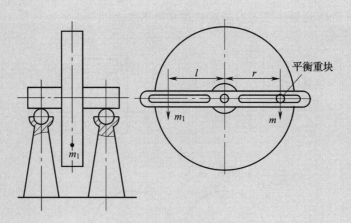

图 3－53　静平衡法

4. 去掉橡皮泥，在其所在部位附加相当于 m 的重块（配重法），或在不平衡量处（与 m 相对直径上 l 处）去除一定质量 m_1（去重法）。待旋转件在任意角度位置均能在支架上停留时，即达到静平衡。

静平衡只能平衡旋转件重心的不平衡，无法消除不平衡力矩。因此，静平衡只适用于"长径比"较小（一般长径比小于 0.2，如盘类旋转件）或长径比虽较大但转速不太高的旋转件。

二、动不平衡（见图 3-54）

如图 3-54 所示，旋转件的径向截面上有不平衡量，由此产生的惯性力形成不平衡力矩，所以旋转件旋转时不仅会产生垂直于轴线的振动，而且还会产生使旋转轴线倾斜的振动，这种不平衡为动不平衡。

消除动不平衡的方法称为动平衡。动平衡一般在动平衡实验台（见图 3-55）上进行，对于长径比大或转速较高的旋转件，通常都要进行动平衡。

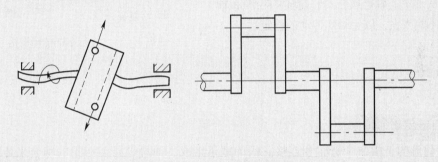

图 3-54 动不平衡

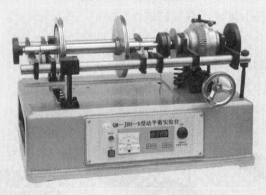

图 3-55 动平衡实验台

课题 5 链传动装配

学习目标

1. 了解链传动的特点，明确链传动的装配技术要求

2. 熟练掌握链传动的装拆工艺

学习任务

如图 3－56 所示为自行车链传动机构，本任务要完成自行车链传动机构的装配。

链传动工作时依靠链轮与链条的啮合来传递运动和动力，所以装配工作的关键是保证链条与轮齿正确啮合。两链轮安装在轴上后要对正，否则链条与链轮发生偏磨，严重时链条脱落或轮齿顶住链节无法运动；链条安装后不能太松，防止在振动时从链轮上脱落或打滑；链轮的径向和轴向圆跳动不能太大，以免影响传动的稳定性。

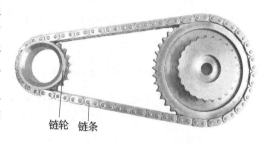

链轮　链条

图 3－56　自行车链传动机构

相关知识

一、链传动的特点

链传动机构是由两个链轮和连接它们的链条组成，通过链条与链轮的啮合来传递运动和动力。链传动的传递功率大，传动效率高，能保证准确的平均传动比，适合于在低速、重载和高温条件以及尘土飞扬、淋水、淋油等不良环境中工作，但安装、维护要求较高，无过载保护作用。

二、链传动的种类

链传动机构按工作性质的不同，可分为传动链、起重链和牵引链 3 种。常用的传动链有滚子链（见图 3－57）和齿形链（见图 3－59）。

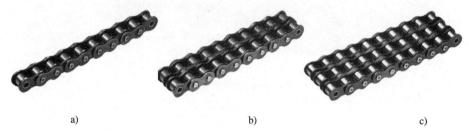

a)　　　　　　　　　　　　　b)　　　　　　　　　　　　　c)

图 3－57　滚子链

a）单排　b）双排　c）多排

滚子链与齿形链相比，噪声大、运动平稳性差、速度低，但其结构（见图 3－58）简单、成本低，所以应用广泛。

三、链传动机构装配的技术要求

1. 链轮的两轴线必须平行，其允差为沿轴长方向 0.5 mm/1 000 mm。

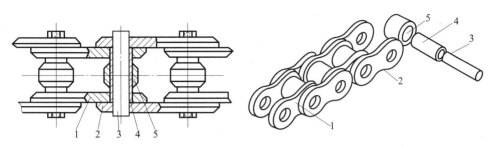

图 3 - 58　滚子链结构

1—内链板　2—外链板　3—销子　4—衬套　5—滚子

2. 两链轮的中心平面应重合。轴向偏移量不能太大，一般当两轮中心距小于 500 mm 时，轴向偏移量应在 1 mm 以下，两轮中心距大于 500 mm 时，应在 2 mm 以下。

3. 链轮的跳动量应符合要求。

4. 链条的下垂度要适当。如果链传动为水平或稍倾斜（45°以内），链条下垂度 f（见图 3 - 60）应不大于 2%L（L 为两链轮中心距）；倾斜度增大时，就要减小下垂度；在链垂直放置时，f 应小于 0.2%L。

链传动布置形式如图 3 - 61 所示。

图 3 - 59　齿形链

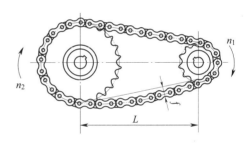

图 3 - 60　链条下垂度

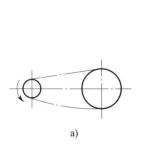

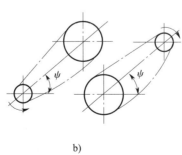

a)　　　　　　　　　　b)　　　　　　　　　　　　c)

图 3 - 61　链传动布置形式

a）水平　b）倾斜　c）垂直

四、链传动机构装配精度检验

1. 检查链轮装配后的径向圆跳动和轴向圆跳动，如图 3 - 62 所示。将划线盘固定，使划针端部分别指向并靠近链轮端面和圆周齿的上方。旋转链轮一周，用塞尺测量链轮在端面

轮缘处的尺寸 a。a 的最大值与最小值之差即为链轮轴向圆跳动误差。塞尺在圆柱面上 δ 值的最大值与最小值之差即为链轮的径向圆跳动误差。对于传动精度要求较高的链轮，应用百分表代替划线盘进行检验，其具体方法与用划线盘测量相似。

2. 链轮装配后，检查两链轮轴线的平行度和轴向偏移量，如图 3-63 所示。用钢直尺或钢卷尺分别测出两轴线之间的距离 A 和 B，A、B 两尺寸之差即为两轴线之间的平行度误差。用钢直尺（或拉线）靠紧一个链轮的端面（最好以大链轮端面为基准），用游标卡尺测量出尺寸 a 值的大小，即为两链轮的轴向偏移量。

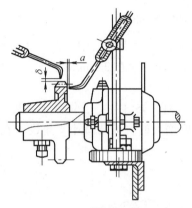
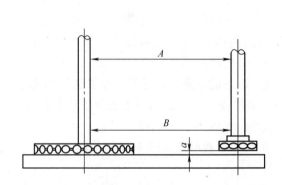

图 3-62　链轮跳动量的检验　　　　图 3-63　检查两链轮轴线平行度及轴向偏移量

3. 检查链条下垂度。检查链条下垂度的方法如图 3-64 所示。将链条的一边拉紧，在另一边和两链轮相切处放置一钢直尺，测出链条的下垂度 f，以 f 尺寸的大小判定下垂度是否合格。

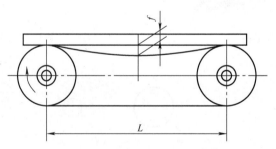

图 3-64　检查链条下垂度的方法

五、链轮在轴上的固定方法（见图 3-65）

如图 3-65a 所示，键连接后再用螺钉固定；如图 3-65b 所示，过盈连接后再用圆柱销固定。

六、链传动机构的维护与修复

1. 链传动机构的维护

（1）链传动机构的润滑（见图 3-66）。应根据链传动机构的结构特点和润滑要求，分别采用人工定期润滑、油浴润滑和压力循环润滑等方法。

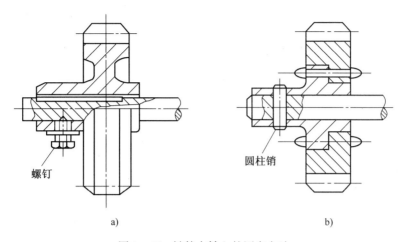

图3-65 链轮在轴上的固定方法

a）键连接后再用螺钉固定 b）过盈连接后再用圆柱销固定

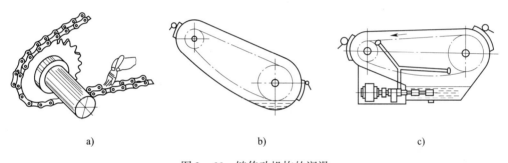

图3-66 链传动机构的润滑

a）人工定期润滑 b）油浴润滑 c）压力循环润滑

（2）链条下垂度的检查。当链条磨损拉长后，会产生下垂和脱链（掉链）现象，所以要定期检查链条的下垂度。若下垂度超过规定值时，可以通过调节两链轮中心距或调节张紧轮的方法解决，如图3-67所示；当下垂度的尺寸较大时，可采用去掉偶数个链节的方法解决。

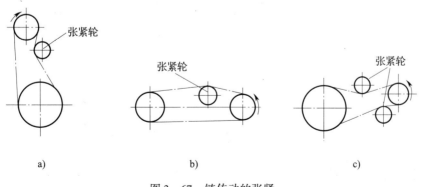

图3-67 链传动的张紧

2. 链节断裂的修复

将断裂的链节放在带有孔的铁砧上，用锤子敲击冲头将链节心轴冲出，如图 3 - 68 所示为链节拆卸方法。然后，换装新的链节，最后将心轴两端铆合或用弹簧卡片卡住即可。

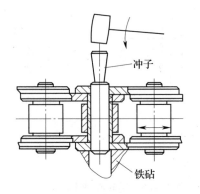

图 3 - 68　链节拆卸方法

任务实施

一、链轮的装配

1. 清除链轮孔、链轮轴及键表面的污物和毛刺。
2. 将各配合表面清洗干净后涂上润滑油。
3. 用锤击法或压入法将链轮压入轴的固定位置，拧紧紧定螺钉。
4. 检查链轮装配后两链轮轴线的平行度和轴向偏移量。
5. 检查链轮装配后的径向圆跳动和轴向圆跳动。

二、链条的装配

1. 将链条及接头零件用煤油清洗干净，并用布擦干。
2. 先将链条套在链轮上，再将链条的接头引到便于装配的位置。
3. 用链条拉紧工具将链条首尾拉紧到位（见图 3 - 69），使链条的首尾对齐。
4. 用尖嘴钳将接头零件中的圆柱销组件、挡板及弹簧卡片装配到位（见图 3 - 70）。

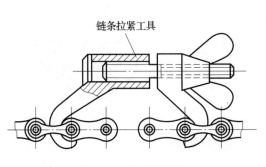

图 3 - 69　链条的拉紧

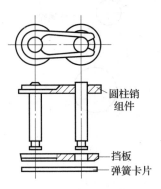

图 3 - 70　接头的组装

评分标准

序号	项目与技术要求	配分	评分标准	检测结果	得分
1	安装前清除带轮的污物和毛刺	5	不清除扣5分		
2	准备工具齐全	5	工具不齐全扣5分		
3	划线盘或百分表的使用和安装方法	20	使用方法不正确扣10分 安装方法不正确扣10分		
4	链轮轴向和径向圆跳动误差的检查及读数	20	检测部位不正确扣10分 读数不正确扣10分		
5	链轮安装部位涂油	20	每处不涂油扣10分		
6	安装链条的方法正确	10	安装方法不正确扣10分		
7	链条的检查	10	检查方法不正确扣10分		
8	安全文明操作	10	酌情扣分		

课题6　　齿轮传动装配

学习目标

1. 了解齿轮传动的特点，掌握齿轮传动机构装配技术要求
2. 熟练掌握齿轮传动机构的装配过程及修复方法

学习任务

如图3-71所示，减速器箱体内有一对啮合齿轮，齿轮传动是各种机械传动中最常用的传动方式之一。为获得准确的传动比、提高传动精度、降低噪声、使传动平稳，在安装时须严格按照技术要求装配。

由图3-71分析得知，为保证大齿轮与小齿轮啮合正确，两齿轮在安装过程中，需对箱体孔的位置及中心距、两齿轮轴的平行度等进行检查。

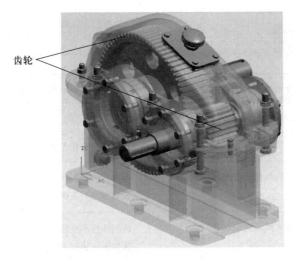

图 3 - 71　齿轮传动

相关知识

一、齿轮传动的特点

齿轮传动依靠轮齿间的啮合来传递运动和转矩，具有能保证准确的传动比、传递的功率和速度范围大、传动效率高、使用寿命长、结构紧凑、体积小等优点，它的缺点是传动时噪声大、易冲击振动、不宜远距离传动和制造成本高。

二、齿轮传动的装配技术要求

1. 齿轮孔与轴的配合要适当，能满足使用要求。空套齿轮在轴上不得有晃动现象；滑移齿轮不应有咬死或阻滞现象；固定齿轮不得有偏心或歪斜现象。

2. 保证齿轮有准确的安装中心距和适当的齿侧间隙。齿侧间隙是指齿轮非工作表面在法线方向上的距离。侧隙过小，齿轮传动不灵活，热胀时会卡齿，加剧磨损；侧隙过大，则易产生冲击振动。

3. 保证齿面有一定的接触面积和正确的接触位置。

4. 在变速机构中应保证齿轮准确的定位，其错位量不得超过规定值。

5. 对转速较高的大齿轮，一般应在装配到轴上后再做动平衡检查，以免振动过大。

三、齿轮的修理

1. 齿轮严重磨损或轮齿断裂时，一般都应更换新的齿轮。当一个大齿轮和一个小齿轮啮合时，因小齿轮磨损较快，应先更换小齿轮。更换齿轮时，新齿轮的齿数、模数、齿形角必须与原齿轮相同。

2. 更换轮缘修复法（见图 3 - 72）。

（1）将损坏的齿轮轮齿车掉。

（2）按原齿轮外圆和车掉轮齿后的直径配制一个新的轮缘。

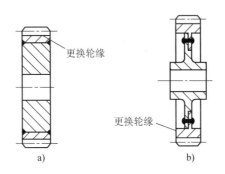

图 3 - 72 更换轮缘修复法

a）焊接固定 b）铆接固定

（3）将新制轮缘压入齿坯，用焊接、铆接或螺钉固定的方法将新的轮缘固定。

（4）在加工齿轮的机床上按技术要求加工出新的轮齿。

任务实施

一、齿轮与轴的装配

齿轮与轴的连接形式有固定连接、空套连接和滑动连接三种形式。固定连接主要采用键连接、螺栓法兰盘连接和固定铆接等；滑动连接主要采用的是花键连接（传递转矩较小时也可采用导向平键连接或滑链连接）。

1. 清除齿轮与轴配合面上的污物和毛刺。

2. 对于采用固定键连接的，应根据键槽尺寸，认真锉配键，使之达到键连接要求。

3. 清洗并擦净配合面，涂润滑油后将齿轮装配到轴上。

（1）当齿轮和轴是滑动连接时，装配后的齿轮在轴上不得有晃动现象，齿轮在轴上滑动时不应有阻滞和卡死现象；滑动量及定位要准确，齿轮啮合错位量不得超过规定值，如图3 - 73 所示。

（2）对于过盈量不大或过渡配合的齿轮与轴的装配，可采用锤击法或专用工具压入法将齿轮装配到轴上，如图3 - 74 所示。

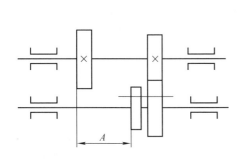

图 3 - 73 齿轮啮合错位量的检查

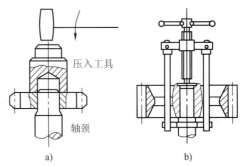

图 3 - 74 齿轮装配方法

a）锤击法装配 b）专用工具压入法装配

（3）对于过盈量较大的齿轮固定连接的装配，应采用温差法，即通过加热齿轮（或冷却轴颈）的方法，将齿轮装配到规定的位置。

4．对于精度要求较高的齿轮与轴的装配，齿轮装配后必须对其装配精度进行严格检查，检查方法如下。

（1）直接观察法检查。出现的主要问题有：装配后不同轴（见图3-75a）；装配后齿轮歪斜（垂直度超差）（见图3-75b）；装配后齿轮位置不对（轴肩未贴紧）（见图3-75c）。

（2）齿轮径向圆跳动检查。将装配后的齿轮轴支撑在检验平板上的两个V形架上，使轴与检验平板平行。把圆柱规放到齿轮槽内，使百分表测头触及圆柱规的最高点，测出百分表的读数值。然后转动齿轮，每隔3~4个齿检查一次，转动齿轮一周，百分表的最大读数与最小读数之差，就是齿轮分度圆的径向圆跳动误差（见图3-76）。

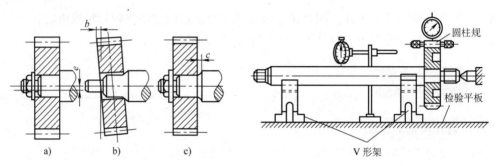

图3-75　齿轮在轴上的安装误差　　　　　　图3-76　齿轮径向圆跳动的检查
a）不同轴　b）齿轮歪斜　c）轴肩未贴紧

（3）齿轮轴向圆跳动的检查。将齿轮轴支撑在检验平台（平板）上两顶尖之间，将百分表触头抵在齿轮的端面上（应尽量靠近外缘处），转动齿轮一周，百分表最大读数与最小读数之差，即为齿轮轴向圆跳动误差，如图3-77所示。

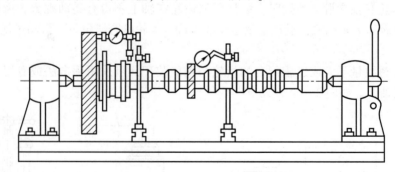

图3-77　齿轮轴向圆跳动的检查

二、齿轮轴装入箱体

1．装配前对箱体孔精度的检查

（1）孔距的检查（见图3-78）。用游标卡尺分别测量出d_1、d_2、L_1和L_2的值，然后计算出中心距A：

$$A = L_1 + \frac{d_1 + d_2}{2} \quad 或 \quad A = L_2 - \frac{d_1 + d_2}{2}$$

（2）孔系平行度的检查（见图 3 - 79）。将检验棒插入孔中，用游标卡尺或千分尺分别测量出检验棒两端的尺寸 L_1 和 L_2，两尺寸之差（$L_1 - L_2$）即为孔系平行度误差。

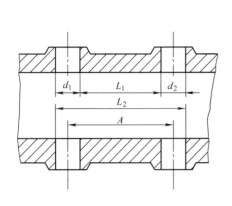

图 3 - 78　孔距的检查

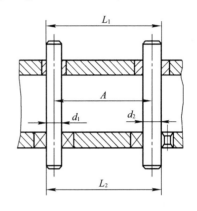

图 3 - 79　孔系平行度的检查

（3）孔系同轴度的检查（见图 3 - 80）。对于成批生产的产品采用检验棒直接插入的方法检验，若检验棒能自由地插入同一轴线的几个孔中（当孔径不同时要先装配内径相同的检验套），则表明孔系的同轴度合格（见图 3 - 80a）。对于单件生产的产品，可用检验棒和百分表检查（见图 3 - 80b）。将检验棒插入孔系中孔距最大的两个孔中，在检验棒中部固定百分表，使表的测头触及孔壁表面。转动检验棒一周，百分表最大读数与最小读数之差的一半，即为孔系的同轴度误差。

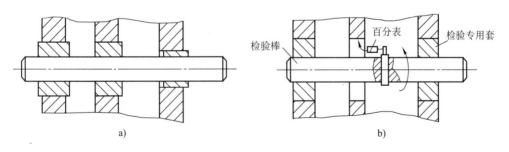

图 3 - 80　孔系同轴度的检查

a）检验棒检查同轴度（成批生产）　b）检验棒、百分表检查同轴度（单件生产）

（4）孔端面与孔中心线垂直度的检查（见图 3 - 81）。将带有圆盘的检验棒插入箱体孔中，用塞尺插入圆盘与端面的缝隙中，所插入塞尺的最大厚度尺寸，即为孔端面与孔中心线垂直度的误差值（见图 3 - 81a）。

另一种方法是将检验棒与测量套装入孔中，再装上止推套并用圆锥销定位，并与测量套靠紧，防止检验棒轴向移动。在检验棒的一端固定百分表，使百分表的测头触在孔的端面上，检验棒转动一周，百分表最大读数与最小读数之差即为孔端面与孔中心线垂直度的误差值（见图 3 - 81b）。

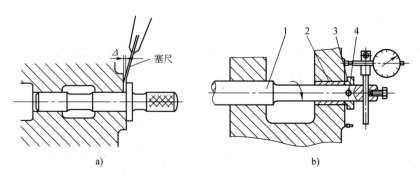

a)   b)

图 3 - 81　孔端面与孔中心线垂直度的检查

1—检验棒　2—测量套（工艺套）　3—止推套　4—圆锥销

（5）孔中心线与基面尺寸精度、平行度的检验（见图 3 - 82）。将箱体基面（底面）用等高块支顶在检验平板上，把检验棒插入箱体的孔中，用百分表、量块或游标高度尺测量出检验棒两端到检验平板的尺寸 h_1 和 h_2，则孔中心线到基面的距离 h 为：

$$h = \frac{h_1 + h_2}{2} - \frac{d}{2} - a$$

$$平行度误差 \Delta = |h_1 - h_2|$$

2. 将齿轮轴组装入箱体

将齿轮轴组装入箱体的顺序，一般都是从最后一根从动轴开始装起，然后逐级向前进行装配。在车床主轴箱装配中，应按照由底而上的顺序，逐级将每根轴组装入箱体。

将轴组装入箱体时，要保证齿轮轴向位置准确。相互啮合的齿轮副装配一对就检查一对，以中间平面为基准对中，当齿轮轮缘宽度小于 20 mm 时，轴向错位量不得大于 1 mm（见图 3 - 83）。当轮缘宽度大于 20 mm 时，错位量不得大于轮缘宽度的 5%，且最多不得大于 5 mm。

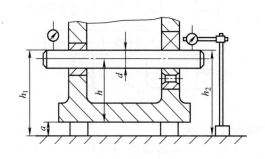

图 3 - 82　孔中心线与基面尺寸精度及平行度的检验

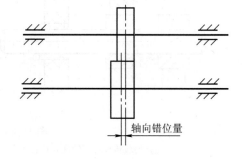

图 3 - 83　轴向错位量的检查

3. 检查齿轮的啮合质量

（1）检查齿侧间隙

1）压铅丝法检查齿侧间隙（见图 3 - 84）。在齿面沿齿宽两端平行放置两条铅丝，宽齿可放 3~4 条，铅丝直径不宜超过最小侧隙的 4 倍。转动相啮合的两个齿轮挤压铅丝，铅丝被挤压后最薄处的尺寸，即为齿侧间隙。

2）用百分表检查齿侧间隙（见图 3 - 85）。将百分表的测头与一个齿轮分度圆处的齿面接触，另一个齿轮固定。将接触百分表的齿轮从一侧啮合转到另一侧啮合，百分表的最大读数与最小读数之差，即为齿侧间隙。

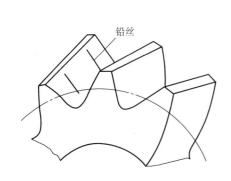

图 3 - 84　压铅丝法检查齿侧间隙　　　　　图 3 - 85　用百分表检查齿侧间隙

（2）检查接触精度（见图 3 - 86）。将红丹粉均匀地涂于大齿轮的齿面上，转动齿轮，从动轮稍微制动（主要是为了增大摩擦力）。对于双向工作的齿轮，正反两个方向都要检查。用于一般传动的齿轮，在齿廓高度上接触斑点不少于 30%，在齿廓宽度上接触斑点不少于 40%，其分布的位置是以分度圆为基准，上下对称分布，啮合正确（见图 3 - 86a）。

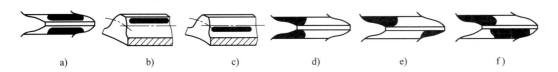

图 3 - 86　接触精度的检查
a）啮合正确　b）中心距太大　c）中心距太小　d）两齿轮轴线不平行
e）两齿轮轴线歪斜　f）轴线不平行同时歪斜

当啮合齿轮接触不良时（见图 3 - 86 b、c、d、e、f），其解决方法是在中心距允差范围内，采用刮削轴孔或调整轴承座位置来解决。

评分标准

序号	项目与技术要求	配分	评分标准	检测结果	得分
1	安装前清除齿轮与轴的污物和毛刺	5	不清除扣 5 分		
2	准备工具齐全	5	工具不齐全扣 5 分		
3	齿轮与轴安装方法	10	安装方法不正确扣 10 分		
4	齿轮径向圆跳动的检查	10	检查方法不正确扣 5 分 不检查扣 10 分		
5	齿轮轴向圆跳动的检查	10	检查方法不正确扣 5 分 不检查扣 10 分		

续表

序号	项目与技术要求	配分	评分标准	检测结果	得分
6	箱体孔系的检查	30	检查方法不正确扣5分 孔距不检查扣5分 孔系平行度不检查扣5分 孔系垂直度不检查扣5分 孔系同轴度不检查扣5分 孔中心线与基面垂直度不检查扣5分		
7	齿轮啮合质量的检查	20	检查方法不正确扣5分 齿侧间隙不检查扣10分 接触精度不检查扣10分		
8	安全文明操作	10	安装后不清理现场扣2分 违反管理规定扣8分		

〔知识链接〕

锥齿轮传动机构的装配

　　装配锥齿轮传动机构（见图3-87）与装配圆柱齿轮传动机构的顺序相似。锥齿轮传动机构装配的关键是确定锥齿轮的两轴夹角、轴向位置和啮合质量的检测与调整。

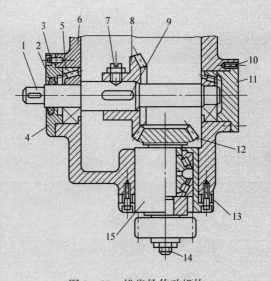

图3-87　锥齿轮传动机构

1、14—轴　2—密封圈　3、10—螺钉　4、11—轴承盖　5—轴承　6—箱体

7—紧固螺钉　8、12—齿轮　9—键　13—调整垫圈　15—轴承组件

一、锥齿轮与轴的装配（见图 3 – 88）

锥齿轮与轴的连接形式和圆柱齿轮与轴的连接形式基本相同，装配方法也基本一样。

1. 清除齿轮和轴上的污物及毛刺。

2. 当齿轮与轴是键连接时，应按键槽尺寸和键连接要求锉配平键（或其他键）。

3. 用煤油清洗所装配的零件，并用布擦干净后涂上润滑油。

4. 将锥齿轮装配到轴上

（1）间隙配合的锥齿轮和轴装配后，齿轮在轴上不得有晃动现象；齿轮在轴上滑动时不得有阻滞或咬住现象；齿轮在轴上的移动位置应准确无误。

（2）过盈配合的锥齿轮与轴的装配方法和圆柱齿轮与轴的装配方法相同。

5. 精度要求较高的锥齿轮与轴装配后，还必须对锥齿轮的径向圆跳动和轴向圆跳动进行检查（见图 3 – 89）。

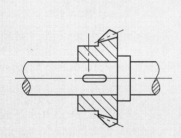
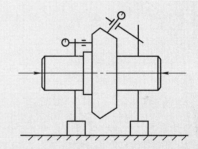

图 3 – 88　锥齿轮与轴的装配　　　图 3 – 89　径向圆跳动和轴向圆跳动的检查

将锥齿轮和轴一起支顶在检验平板的两顶尖之间，把百分表的测头分别触及锥齿轮的锥面上（即齿槽内的检验棒上）和端面上，旋转齿轮一周，百分表最大读数与最小读数之差即为径向圆跳动和轴向圆跳动的误差值。

二、将锥齿轮轴部件装入箱体

1. 清除齿轮轴部件、箱体孔表面上的污物和毛刺。

2. 检查箱体孔的相互几何精度

（1）检查同一平面垂直两孔轴线的垂直度（见图 3 – 90）。在箱体的竖直孔内插入检验棒 1，在水平位置的孔内插入检验棒 2。在检验棒 1 的上端装有定位套，防止检验棒 1 的轴向窜动。将百分表固定在检验棒 1 上，转动检验棒 1，百分表在检验棒 2 上 L 长度内两点的读数差，即为两孔轴线在 L 长度内的垂直度误差。

（2）在同一平面内两孔轴线相交程度的检查（见图3-91）。将竖直放置的检验棒1的测量端做成叉形槽，检验棒2的测量端做成有一定公差要求的两个阶梯形圆柱，前一个阶梯形圆柱为通端，后一个阶梯形圆柱为止端。检查时，将检验棒2插入孔后，若通端能够插入叉形槽而止端不能插入叉形槽，相交两孔轴线相交程度符合要求；否则为超差，不符合要求。

（3）不在同一平面内相互垂直的两孔轴线垂直度的检查（见图3-92）。将箱体用3个（或4个）千斤顶支撑在检验平板上，用直角尺找正检验棒2与平板垂直。用百分表测量检验棒1对平板的平行度，检验棒1与平板的平行度误差即为两孔轴线的垂直度误差。

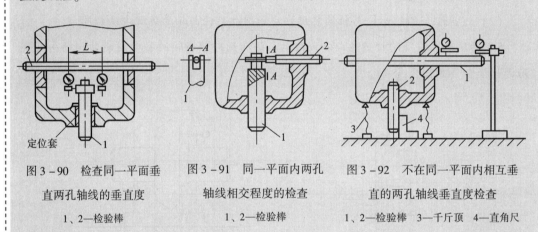

图3-90　检查同一平面垂　　　图3-91　同一平面内两孔　　　图3-92　不在同一平面内相互垂
直两孔轴线的垂直度　　　　　轴线相交程度的检查　　　　　直的两孔轴线垂直度检查

1、2—检验棒　　　　　　　　1、2—检验棒　　　　　　　1、2—检验棒　3—千斤顶　4—直角尺

3. 将锥齿轮轴部件装入箱体

其装配顺序应根据箱体结构而定，一般是先装配主动轮部件，再装配从动轮部件。锥齿轮装配的关键是正确确定锥齿轮的轴向位置和啮合质量的检验、调整。

（1）两个啮合锥齿轮轴向位置的确定。如图3-93所示为两个正交锥齿轮轴向位置的确定，用量块来确定小齿轮基准面到大齿轮轴线之间的安装距离；如图3-94所示为偏置锥齿轮轴向位置的确定，它也是用量块来确定小齿轮基准面到大齿轮轴线之间的安装距离。以上两种情况，若大齿轮尚未装好时，可用工艺轴来代替。

（2）锥齿轮啮合质量的检验（见图3-95）。对锥齿轮啮合质量可用涂色法进行综合检验，根据齿面上啮合印痕的部位不同，采用正确调整方法，使之达到装配要求。

1）正确啮合时，印痕恰好在齿面中间位置，并达到齿面长的2/3（见图3-95a）。

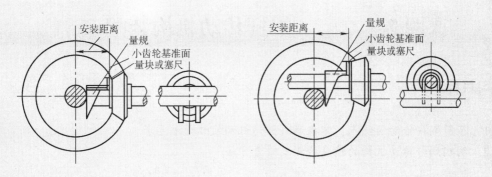

图 3-93 两个正交锥齿轮轴向位置的确定　　图 3-94 偏置锥齿轮轴向位置的确定

2）齿轮小端接触啮合（见图 3-95b）。

3）齿轮大端接触啮合（见图 3-95c），调整时均应按箭头方向，一个齿轮调进，另一个齿轮调退。若不能用一般方法调整达到正确位置时，则应考虑由于轴线交角太大或太小，必要时修刮轴瓦解决。

4）齿轮啮合接触区过低（见图 3-95d）。其调整方法是：小齿轮沿轴向移进，如果侧隙过小，则将大齿轮沿轴向移出或同时调整使两齿轮退出。

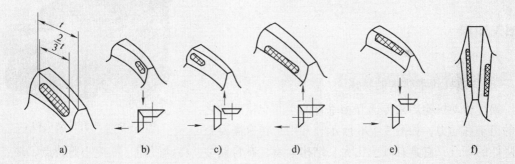

图 3-95 锥齿轮啮合质量的检验

a）正确啮合 b）小端接触 c）大端接触 d）接触区过低

e）接触区过高 f）一侧接触区过高而另一侧过低

5）齿轮啮合接触区过高（见图 3-95e）。其调整方法是：小齿轮沿轴向移出，如齿侧间隙过大，可将大齿轮沿轴向移进或同时调整使两齿轮靠近。

6）同一齿轮的一侧接触区过高而另一侧过低（见图 3-95f）。此种情况一般无法调整，应更换零件解决。

（3）锥齿轮齿侧间隙的检验。其检验方法与圆柱齿轮齿侧间隙的检验方法相同。

课题 7　　蜗杆传动机构装配

学习目标

1. 了解蜗杆传动的特点，掌握蜗杆传动机构装配技术要求
2. 明确蜗杆传动机构的精度检测及修复方法

学习任务

如图 3 – 96 所示为蜗杆传动机构，该机构是保证机械设备获得较大减速比的重要组成部分，它应用非常广泛，如冶金、机床、化工、建筑等各种设备的传动。

为了保证机械设备在传递运动过程中有较大的减速比及良好的自锁性，该机构要求装配精度较高，装配需满足各项技术要求。

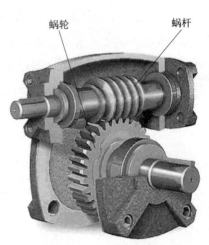

蜗轮　　蜗杆

图 3 – 96　蜗杆传动机构

相关知识

一、蜗杆传动机构的特点

蜗杆传动机构用来传递互相垂直的空间交错两轴之间的运动和动力，如图 3 – 96 所示。常用于转速需要急剧降低的场合，它具有减速比大、结构紧凑、有自锁性、传动平稳、噪声小等特点。缺点是传动效率较低，工作时发热量大，需要良好的润滑条件。

二、蜗杆传动机构装配技术要求

通常蜗杆传动是以蜗杆为主动件，其轴心线与蜗轮轴心线在空间交错，轴间交角为 90°。装配时要符合以下技术要求。

1. 蜗杆轴线应与蜗轮轴线垂直，蜗杆轴线应在蜗轮轮齿的中间平面内。
2. 蜗杆与蜗轮间的中心距要准确，以保证有适当的齿侧间隙和正确的接触斑点。
3. 转动灵活，蜗轮在任意位置，旋转蜗杆手感相同，无卡住现象。
如图 3 – 97 所示为蜗杆传动装配时不符合要求的几种情况。

三、蜗杆传动机构的修复

1. 一般蜗杆、蜗轮磨损或划伤后，要更换新件。
2. 大型蜗轮磨损或划伤后，为了节约材料，一般采用更换轮缘法进行修复。

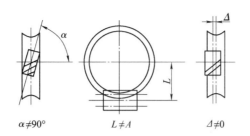

图 3 - 97 蜗杆传动装配时不符合要求的几种情况

3. 分度用的蜗杆机构（又称分度蜗轮副）传动精度要求很高，修理工作复杂且精细，一般采用精滚齿后剃齿或珩磨法进行修复。

任务实施

一、装配前的准备

技术文件、蜗杆蜗轮及箱体、煤油、装拆工具等。

二、蜗杆传动机构箱体装配前的检验

为了确保蜗杆传动机构的装配要求，通常是先对蜗杆箱体上蜗杆轴孔中心线与蜗轮轴孔中心线间的中心距和垂直度进行检验，然后再进行装配。

1. 箱体孔中心距的检验

检验箱体孔的中心距可按图 3 - 98 所示的方法进行。将箱体用三个千斤顶支撑在平板上。测量时，将检验心轴 1、2 分别插入箱体蜗轮和蜗杆轴孔中，调整千斤顶，使其中一个心轴与平板平行后，再分别测量两心轴至平板的距离，即可计算出中心距 A。

$$A = \left(H_1 - \frac{d_1}{2}\right) - \left(H_2 - \frac{d_2}{2}\right)$$

式中　H_1——心轴 1 至平板距离，mm；

　　　H_2——心轴 2 至平板距离，mm；

　　　d_1、d_2——心轴 1、2 的直径，mm。

2. 箱体孔轴线间垂直度检验

检验箱体孔轴线间的垂直度可按图 3 - 99 所示的方法进行。

检验时，先将蜗轮孔心轴和蜗杆孔心轴分别插入箱体上蜗轮和蜗杆的安装孔内。在蜗轮孔心轴上的一端套装有百分表的支架，并用螺钉紧固，百分表触头抵住蜗杆孔心轴。旋转蜗轮孔心轴，百分表在蜗杆孔心轴上 L 长度范围内的读数差，即为两轴线在 L 长度范围内的垂直度误差值。

三、蜗杆传动机构的装配

一般情况下，装配工作是从装配蜗轮开始的，其步骤如下。

1. 将组合式蜗轮齿圈压装在轮毂上，装配方法与过盈配合装配法相同，并用紧定螺钉加以紧固，如图 3 - 100 所示。

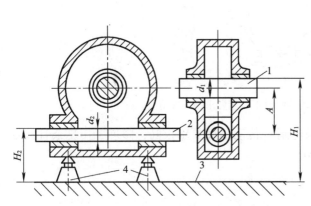

图 3 - 98 蜗杆轴孔与蜗轮轴孔中心距的检验

1、2—心轴 3—平板 4—千斤顶

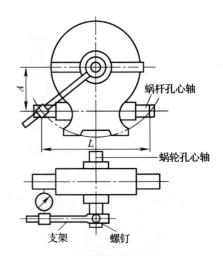

图 3 - 99 检验箱体孔轴线间
的垂直度

2. 将蜗轮装在轴上，其安装及检验方法与圆柱齿轮相同。

3. 把蜗轮轴组件装入箱体，然后再装入蜗杆。一般蜗杆轴的位置由箱体孔确定，要使蜗杆轴线位于蜗轮轮齿的中间平面内，可通过改变调整垫片厚度的方法，调整蜗轮的轴向位置。

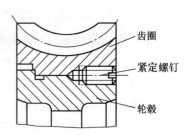

图 3 - 100 组合式蜗轮

四、蜗杆传动机构装配质量的检验

1. 蜗轮的轴向位置及接触斑点检验

用涂色法检验蜗轮齿面接触。先将红丹粉涂在蜗杆的螺旋面上，并转动蜗杆，可在蜗轮轮齿上获得接触斑点，如图 3 - 101 所示。如图 3 - 101a 所示为正确接触，其接触斑点应在蜗轮中部稍偏于蜗杆旋出方向；如图 3 - 101b、c 表示蜗轮轴向位置不正确，应配磨垫片来调整蜗轮的轴向位置。接触斑点的长度，轻载时为齿宽的 25% ~ 50%，满载时为齿宽的 90% 左右。

图 3 - 101 用涂色法检验蜗轮齿面接触

a) 正确 b) 蜗轮偏右 c) 蜗轮偏左

2. 齿侧间隙检验（见图 3 - 102）

一般要用百分表测量，如图 3 - 102a 所示。在蜗杆轴上固定一带量角器的刻度盘，百分表触头抵在蜗轮齿面上，用手转动蜗杆，在百分表指针不动的条件下，用刻度盘相对固定指针的最大空程角判断侧隙大小。如用百分表直接与蜗轮齿面接触有困难，可在蜗轮轴上装一测量杆，如图 3 – 102b 所示。

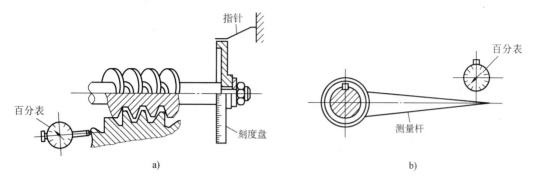

图 3 – 102　齿侧间隙检验

a）直接测量法　b）测量杆测量法

侧隙与空程角有如下的近似关系（蜗杆升角影响忽略不计）。

$$\alpha = C_n \frac{360° \times 60}{1\,000\pi z_1 m} = 6.9 \frac{C_n}{z_1 m}$$

式中　C_n——侧隙，mm；

　　　z_1——蜗杆头数；

　　　m——模数，mm；

　　　α——转角，（°）。

装配后的蜗杆传动机构，还要检查其转动灵活性，蜗轮在任何位置上，用手旋转蜗杆所需的转矩均应相同，没有咬住现象。

评分标准

序号	项目与技术要求	配分	评分标准	检测结果	得分
1	阅读技术文件	15	不能正确理解扣 15 分		
2	装配前的准备	10	不充分扣 10 分		
3	箱体孔中心距	10	检验不正确全扣		
4	箱体孔轴线间的垂直度	10	检验不正确全扣		
5	蜗轮转动灵活	15	卡住全扣		
6	接触位置	10	不正确全扣		
7	接触面积	10	不达要求全扣		
8	齿侧间隙	10	不达要求全扣		
9	安全文明操作	10	酌情扣分		

〔知识链接〕

螺旋传动机构

一、螺旋传动机构的特点

螺旋传动机构可将旋转运动变换为直线运动，它传动精度高、工作平稳、无噪声、易于自锁、能传递较大转矩。

二、螺旋传动机构的技术要求

为了保证丝杠的传动精度和定位精度，螺旋机构装配后，一般应满足以下技术要求。

1. 螺旋副应具有较高的配合精度和准确的配合间隙。

2. 螺旋副轴线的同轴度及丝杠轴心线与基面的平行度应符合规定要求。

3. 螺旋副相互转动应灵活，丝杠的回转精度应在规定的范围内。

三、螺旋传动机构的装配

1. 螺旋副配合间隙的测量和调整

螺旋副的配合间隙是保证其传动精度的主要因素，分径向间隙和轴向间隙两种。在不同的设备中消隙装置、消隙方法也不同，以下为几种常用消隙机构间隙的测量与调整。

(1) 径向间隙的测量（见图3-103）。径向间隙的大小取决于丝杠与螺母的加工精度，并直接反映丝杠与螺母的配合精度，使百分表触头抵在螺母上，用稍大于螺母重力的力 F 压下或抬起螺母，百分表指针的摆动量即为径向间隙值。

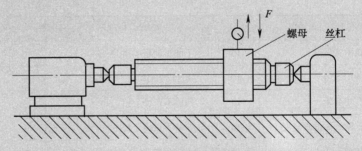

图3-103　径向间隙的测量

(2) 轴向间隙的消除和调整。丝杠螺母的轴向间隙直接影响其传动的准确性，进给丝杠应有轴向间隙消除机构，简称消隙机构。

1）单螺母消隙机构。螺旋副传动机构只有一个螺母时，常采用如图 3 - 104 所示的消隙机构，使螺旋副始终保持单向接触。注意消隙机构的消隙力方向应和切削力 P_x 方向一致，以防止进给时产生爬行，影响进给精度。

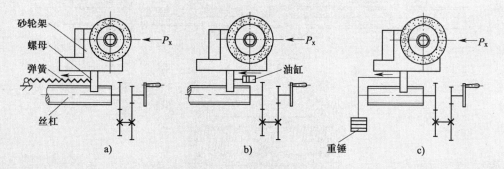

图 3 - 104 单螺母消隙机构

a）弹簧拉力消隙　b）油缸压力消隙　c）重锤消隙

2）双螺母消隙机构。双向运动的螺旋副应用两个螺母来消除双向轴向间隙，其结构如图 3 - 105 所示。

如图 3 - 105a 所示是楔块消隙。调整时，松开螺钉 3，再拧动螺钉 1 使楔块 2 向上移动，以推动带斜面的螺母右移，从而消除右侧轴向间隙，调好后用螺钉 3 锁紧。消除左侧轴向间隙时，则松开左侧螺钉，并通过楔块使螺母左移，该机构常用在中滑板丝杠与螺母的传动中。

如图 3 - 105b 所示是弹簧消隙。调整时，转动调整螺母 7，通过垫圈 6 及压缩弹簧 5，使螺母 8 轴向移动，以消除轴向间隙。

如图 3 - 105c 所示是垫片消隙，利用垫片厚度来消除轴向间隙的机构。丝杠螺母磨损后，通过修磨垫片 10 来消除轴向间隙。

2. 校正丝杠与螺母轴线的同轴度及丝杠轴线与基准面的平行度

为了能准确而顺利地将旋转运动转换为直线运动，螺旋副必须同轴，丝杠轴线必须和基面平行，因此，安装丝杠螺母时应按以下步骤进行。

（1）先正确安装丝杠两轴承支座，用专用检验心棒和百分表校正，使两轴承孔轴线在同一直线上，且与螺母移动时基准导轨平行，如图 3 - 106 所示。校正时可以根据误差情况修刮轴承座结合面，并调整前、后轴承的水平位置，使其达到要求。心轴上母线 a 校正垂直平面，侧母线 b 校正水平平面。

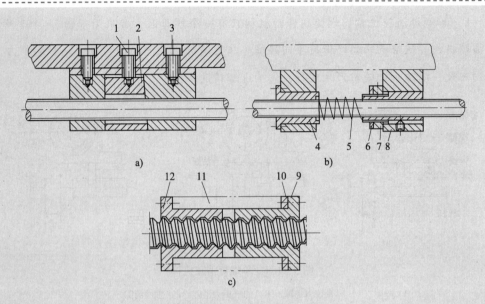

图 3 - 105　双螺母消隙机构

a）楔块消隙　b）弹簧消隙　c）垫片消隙

1、3—螺钉　2—楔块　4、8、9、12—螺母　5—弹簧　6—垫圈　7—调整螺母　10—垫片　11—工作台

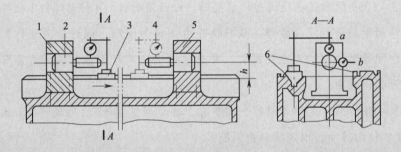

图 3 - 106　安装丝杠两轴承支座

1、5—前后轴承座　2—检验心棒　3—磁力表座滑板　4—百分表　6—螺母移动基准导轨

（2）再以平行于基准导轨面的丝杠两轴承孔的中心连线为基准，校正螺母与丝杠轴承孔的同轴度，如图 3 - 107 所示。校正时将检验棒 4 装在螺母座 6 的孔中，移动工作台 2，如检验棒 4 能顺利插入前、后轴承座孔中，即符合要求；否则应按 h 尺寸修磨垫片 3 的厚度。

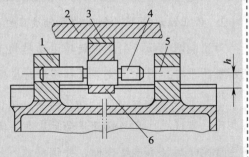

图 3 - 107　校正螺母与丝杠轴承孔的同轴度

1、5—前后轴承座　2—工作台　3—垫片

4—检验棒　6—螺母座

（3）丝杠螺母机构转动灵活性的调整。

丝杠、螺母在装配前，应清除各连接面、配合面上的污物和毛刺，对丝杠、螺母要认真清洗，涂润滑油后再装配。装配时应缓慢转动丝杠（或螺母），以防咬死。丝杠在螺母内转动应松紧一致，不应有过紧或阻滞现象。

（4）调整丝杠的回转精度。丝杠的回转精度是指丝杠的径向跳动和轴向窜动的大小。装配时，通过正确安装丝杠两端的轴承支座来保证。

课题 8 离合器装配

学习目标

1. 了解离合器和联轴器的原理及分类
2. 掌握离合器和联轴器的装配技术要求、装配方法及修复方法

学习任务

如图 3-108 所示是 CA6140 型车床主轴箱内的双向多片式摩擦离合器，它的作用是实现主轴启动、停止、换向及主轴过载保护。离合器的装配、调整质量是主轴能否有效地快速换向和过载保护的关键。

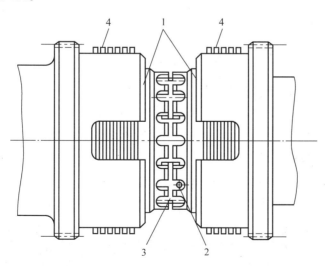

图 3-108　CA6140 型车床主轴箱内的双向多片式摩擦离合器
1—螺母　2—定位销　3—花键套　4—摩擦片组

如图 3 - 108 所示，双向多片式摩擦离合器分为两部分，左侧有 8 组摩擦片，可以实现主轴的正转；右侧有 4 组摩擦片，可以实现主轴的反转。

相关知识

在机器的运转过程中，离合器可将传动系统中的主动件和从动件随时分离和接合。常用的有牙嵌式和摩擦式两种。

一、牙嵌式离合器

1. 牙嵌式离合器的结构（见图 3 - 109）

牙嵌式离合器靠啮合的牙面来传递转矩，结构简单，但有冲击。它由两个端面制有凸齿的结合子组成，其中结合子 1 固定在主动轴 2 上，结合子 3 用导向键或花键与从动轴 5 连接。通过操纵手柄控制的拨叉可带动结合子 3 轴向移动，使结合子 1 和 3 接合或分离。导向环 4 用螺钉固定在主动轴结合子上，以保证结合子 3 移动的导向和定心。

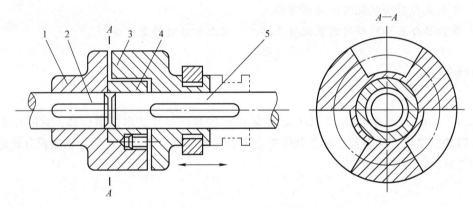

图 3 - 109　牙嵌式离合器的结构

1、3—结合子　2—主动轴　4—导向环　5—从动轴

2. 牙嵌式离合器装配技术要求

（1）接合和分开时，动作要灵敏，能传递设计的转矩，工作平稳可靠。

（2）结合子齿形啮合间隙要尽量小一些，以防旋转时产生冲击。

二、摩擦式离合器

摩擦式离合器靠接触面的摩擦力传递转矩，接合平稳，且可起安全保护作用，但结构复杂，需要经常调整，根据摩擦表面的形状可分为圆锥式和多片式等类型。

1. 圆锥式摩擦离合器

如图 3 - 110 所示为圆锥式摩擦离合器，它利用内外锥面的紧密结合，把主动齿轮的运动传给从动齿轮。装配时，要用涂色法检查圆锥面，其接触斑点应均匀分布在整个圆锥面上，如图 3 - 111 所示。若接触位置不正确，可通过刮削或磨削方法来修整。要保证接合时有足够的压力把两锥体压紧，断开时应完全脱开。

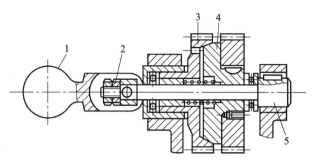

图 3 – 110 圆锥式摩擦离合器

1—手柄 2—螺母 3、4—锥面 5—可调节轴

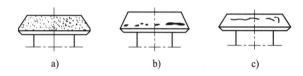

a)   b)   c)

图 3 – 111 涂色法检查圆锥面

a）正确 b）、c）不正确

2. 多片式摩擦离合器

如图 3 – 112 所示为多片式摩擦离合器，由多片外摩擦片 2、内摩擦片 3 相间排叠，内摩擦片 3 经花键孔与主动轴 4 连接，随轴一起转动。外摩擦片 2 空套在主动轴上，其外圆有四个凸缘，卡在空套在主动轴上的套筒齿轮 1 的四个缺口槽中，压紧套 5 和调整螺圈 6 在主动轴 4 上移动，可以压紧或松开摩擦片。压紧内、外摩擦片时，主动轴通过内、外摩擦片间的摩擦力带动套筒齿轮转动；松开摩擦片时，套筒齿轮停止转动。

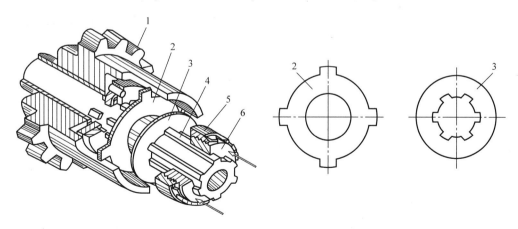

图 3 – 112 多片式摩擦离合器

1—套筒齿轮 2—外摩擦片 3—内摩擦片 4—主动轴 5—压紧套 6—调整螺圈

3. 摩擦离合器装配技术要求

（1）在接合与分开时动作要灵敏。

（2）能够传递足够的转矩。

（3）工作平稳可靠。

任务实施

一、双向多片式摩擦离合器的装配

双向多片式摩擦离合器如图 3 - 113 所示，其装配过程如下。

1. 安装前清除各件的污物和毛刺。

2. 将压紧套 6 套在花键轴 4 上、拉杆 7 装入花键轴 4 的内孔中，并用销子将压紧套 6、花键轴 4、拉杆 7 连接固定。

3. 在压紧套 6 上装上定位销，旋入两只调整螺母 5，注意两只调整螺母缺口相对。

4. 在花键轴 4 上，压紧套左右两侧分别装入 8 组和 4 组相间排叠的内摩擦片 3 和外摩擦片 2，注意使外摩擦片的凸缘对齐。

5. 分别将套筒齿轮 1 套入两组内、外摩擦片上，并固定在花键轴上。

6. 花键轴两侧装上轴承，把轴部件装入箱体。

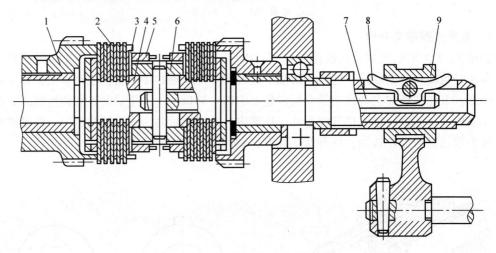

图 3 - 113　双向多片式摩擦离合器

1—套筒齿轮　2—外摩擦片　3—内摩擦片　4—花键轴　5—调整螺母
6—压紧套　7—拉杆　8—摆块　9—滑环

二、双向多片式摩擦离合器的调整

装配时，摩擦片间隙要适当，如果间隙过大，操纵时压紧力不够，内、外摩擦片会打滑，传递转矩小，摩擦片也容易发热、磨损；如果间隙太小，操纵压紧费力，且失去保险作用，停车时，摩擦片不易脱开，严重时可导致摩擦片烧坏，所以必须调整适当。

调整方法是：先将定位销 2 压入螺母 1 的缺口下（见图 3 - 108），然后转动调整螺母 1 调整间隙。调整后，要使定位销弹出，重新进入螺母的缺口中，以防止螺母在工作过程中松脱。

三、双向多片式摩擦离合器的修理

双向多片式摩擦离合器的摩擦片出现弯曲或严重擦伤时，可调平或更换。

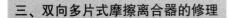

评分标准

序号	项目与技术要求	配分	评分标准	检测结果	得分
1	安装前清除各件的污物和毛刺	5	不清除扣5分		
2	准备工具齐全	5	工具不齐全扣5分		
3	安装压紧块和拉杆	10	安装方法不正确扣10分		
4	安装定位销和调整螺母	10	安装方法不正确扣10分		
5	安装两组摩擦片	20	安装方法不正确扣10分（每组）		
6	安装两个套筒齿轮	20	安装方法不正确扣10分（每个）		
7	离合器间隙调整	20	不调整扣10分 调整方法不正确扣10分		
8	安全文明操作	10	违反规定酌情扣分		

〔知识链接〕

联轴器的装配

联轴器是零件之间传递动力的中间连接装置，可以使轴与轴或轴与其他零件（如带轮、齿轮等）相互连接，用于传递转矩，且大多数已标准化。联轴器将两轴牢固地联系在一起，在机器的运转过程中，两轴不能分开，只有在机器停止后并经过拆卸才能把两轴分开。

联轴器的种类主要，有固定式联轴器、可移式联轴器、安全联轴器和万向联轴器等。其结构虽然各不相同，但装配时都应严格保持两轴的同轴度，否则在传动时会使联轴器或轴变形或损坏。因此，装配后应该用百分表检查联轴器的跳动量和两轴的同轴度。

一、凸缘式联轴器的装配（见图 3 – 114）

固定式联轴器中应用最广的是凸缘式联轴器，它是把两个带有凸缘的半联轴器用键分别与两根轴连接，然后用螺栓把两个半联轴器连接成一体，以传递运动。

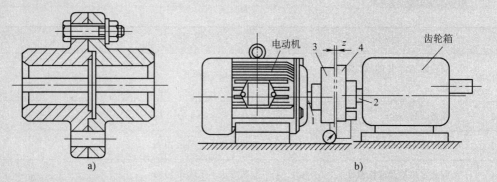

图 3 – 114　凸缘式联轴器的装配

a）凸缘式联轴器的结构　b）凸缘式联轴器的使用情况

1—电动机轴　2—齿轮轴　3、4—凸缘盘

1. 装配技术要求

（1）装配中应严格保证两轴的同轴度，否则两轴不能正常工作，严重时会使联轴器或轴变形或损坏。

（2）保证各连接件（螺母、螺栓、键、圆锥销等）连接可靠，受力均匀，不允许有自动松脱现象。

2. 装配方法

（1）如图 3 – 114b 所示，装配时先在轴 1、2 上装好平键和凸缘盘 3、4，并固定。

（2）将百分表固定在凸缘盘 4 上，使百分表测头顶在凸缘盘 3 的外圆上，同步转动两轴，根据百分表的读数来测量两凸缘盘的同轴度误差。

（3）移动电动机，使凸缘盘 3 的凸台少许插进凸缘盘 4 的凹孔内。

（4）转动齿轮轴 2，测量两凸缘盘端面的间隙 z。如果间隙均匀，则移动电动机使两凸缘盘端面靠近，固定电动机，后用螺栓紧固两凸缘盘。

二、十字槽式联轴器（十字滑块式联轴器）的装配

十字槽式联轴器是可移式刚性联轴器中一种常见的结构形式，如图 3 – 115 所示。它由两个带槽的联轴盘和中间盘组成。中间盘的两面各有一条矩形凸块，两面凸块的中心线互相垂直并通过盘的中心，两个联轴盘的端面都有与中间盘对应的矩形凹槽，中间盘的凸块同时嵌入两联轴盘的凹槽中，将两轴连接为一体。当主动轴旋转时，通

过中间盘带动另一联轴盘转动，同时凸块可在凹槽中滑动，以适应两轴之间存在的径向偏移和轴向移动。

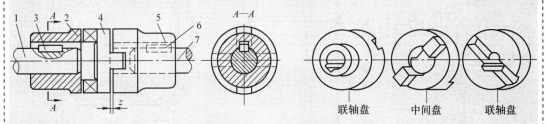

图 3 – 115 十字槽式联轴器

1、7—轴 2、5—联轴盘 3、6—键 4—中间盘

1. 装配技术要求

（1）装配时，允许两轴有少量的径向偏移和倾斜，一般情况下轴向摆动量可为 1~2.5 mm，径向摆动量可在 $(0.01d + 0.25)$ mm 左右（d 为轴直径）。

（2）中间盘装配后，应能在两联轴盘之间自由滑动。

2. 装配方法

分别在轴 1 和轴 7 上装配键 3 和键 6，安装联轴盘 2、5，用直尺找正后，安装中间盘 4，并移动轴，使联轴盘和中间盘留有少量间隙 z，以满足中间盘的自由滑动要求。

课题 9   轴承和轴组装配

学习目标

1. 了解滚动轴承、滑动轴承的特点
2. 明确滚动轴承、轴组的结构及装配技术要求
3. 掌握滚动轴承、滑动轴承的装配与修理要点

学习任务

轴和轴上的齿轮或带轮及两端轴承支座等零件的组合称为轴组。如图 3 – 116 所示是 C630 型车床主轴轴组，它是车床的关键部分，在工作中承受很大的转矩，其安装、调整质量的好坏将影响车床的工作精度。

C630 型车床主轴轴组装配时，首先进行主轴的组装，然后将其正确地安装在主轴箱中，并进行轴承固定、游隙调整、轴承预紧等装配工序，从而保证车床主轴正常的工作要求。

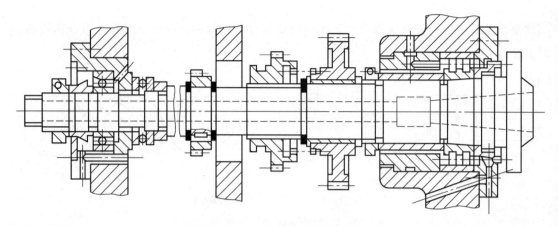

图 3 - 116　C630 型车床主轴部件

相关知识

一、滚动轴承（见图 3 -117）

滚动轴承一般由外圈、内圈、滚动体、保持架组成。内圈与轴颈采用基孔制配合，外圈与轴承座孔采用基轴制配合。工作时，滚动体在内圈、外圈的滚道上滚动，形成滚动摩擦。滚动轴承具有摩擦力小、轴向尺寸小、旋转精度高、润滑维修方便等优点，其缺点是承受冲击能力较差、径向尺寸较大、对安装的要求较高。

1. 滚动轴承装配的技术要求

（1）装配前，应用煤油等清洗轴承和清除其配合表面的毛刺、锈蚀等缺陷。

（2）装配时，应将标记代号的端面装在可见方向，以便更换时查对。

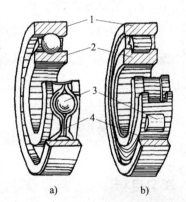

图 3 -117　滚动轴承
a）深沟球轴承　b）圆柱滚子轴承
1—外圈　2—内圈
3—滚动体　4—保持架

（3）轴承必须紧贴在轴肩或孔肩上，不允许有间隙或歪斜现象。

（4）同轴的两个轴承中，必须有一个轴承在轴受热膨胀时有轴向移动的余地。

（5）装配轴承时，作用力应均匀地作用在待配合的轴承环上，不允许通过滚动体传递压力。

（6）装配过程中应保持清洁，防止异物进入轴承内。

（7）装配后的轴承应运转灵活、噪声小，温升不得超过允许值。

（8）与轴承相配合零件的加工精度应与轴承精度相对应，一般轴的加工精度取轴承同级精度或高一级精度；轴承座孔则取同级精度或低一级精度。

2. 滚动轴承装配前的准备工作

（1）按所要装配的轴承准备好需要的工具和量具。按图样要求检查与轴承相配零件是否有缺陷、锈蚀和毛刺等。

（2）用汽油或煤油清洗与轴承配合的零件，用干净的布擦净或用压缩空气吹干，然后涂上一薄层油。

（3）核对轴承型号是否与图样一致。

（4）用防锈油封存的轴承可用汽油或煤油清洗；用厚油和防锈油脂封存的轴承可用轻质矿物油加热溶解清洗，冷却后再用汽油或煤油清洗，擦拭干净待用；对于两面带防尘盖、密封圈或涂有防锈、润滑两用油脂的轴承则不需要清洗。

3. 滚动轴承游隙的调整

滚动轴承的游隙是指将轴承的一个套圈固定，另一个套圈沿径向或轴向的最大活动量。它分径向游隙和轴向游隙两种。

滚动轴承的游隙不能太大，也不能太小。游隙太大，会造成同时承受载荷的滚动体的数量减少，使单个滚动体的载荷增大，从而降低轴承的使用寿命和旋转精度，引起振动和噪声。游隙过小，轴承发热，硬度降低，磨损加快，同样会使轴承的使用寿命缩短。因此，许多轴承在装配时都要严格控制和调整游隙。其方法是使轴承的内圈、外圈做适当的轴向相对位移来保证游隙。

（1）调整垫片法。通过调整轴承盖与壳体端面间的垫片厚度 δ，来调整轴承的轴向游隙，如图 3 - 118 所示。

（2）调整螺钉法。如图 3 - 119 所示的结构中，调整的顺序是：先松开锁紧螺母 2，再调整螺钉 3，待游隙调整好后再拧紧锁紧螺母 2。

4. 滚动轴承的预紧

对于承受载荷较大，旋转精度要求较高的轴承，大都是在无游隙甚至有少量过盈的状态下工作的，这些都需要轴承在装配时进行预紧。预紧就是轴承在装配时，给轴承的内圈或外圈施加一个轴向力，以消除轴承游隙，并使滚动体与内圈、外圈接触处产生初变形。预紧能提高轴承在工作状态下的刚度和旋转精度。滚动轴承预紧的原理如图 3 - 120 所示。预紧方法如下。

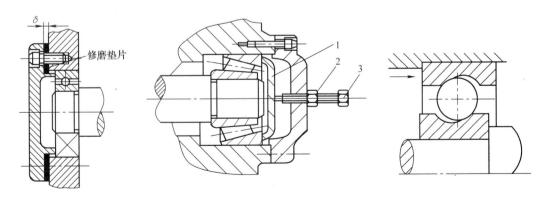

图 3 - 118　调整垫片法　　　图 3 - 119　调整螺钉法　　　图 3 - 120　滚动轴承预紧的原理

1—压盖　2—锁紧螺母　3—螺钉

（1）成对使用角接触球轴承的预紧。成对使用角接触球轴承有 3 种装配方式如图 3 – 121 所示，其中图 a 为背靠背式（外圈宽边相对）安装，图 b 为面对面式（外圈窄边相对）安装，图 c 为同向排列式（外圈宽窄相对）安装。若按图示方向施加预紧力，通过在成对安装轴承之间配置厚度不同的轴承内圈、外圈间隔套使轴承紧靠在一起，来达到预紧的目的。

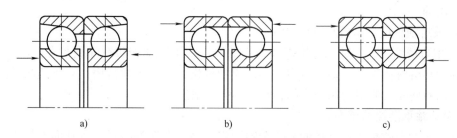

图 3 – 121　成对安装角接触球轴承

a）背靠背式　b）面对面式　c）同向排列式

（2）单个角接触球轴承预紧。如图 3 – 122a 所示，轴承内圈固定不动，调整螺母改变圆柱弹簧的轴向弹力大小来达到轴承预紧。如图 3 – 122b 所示，轴承内圈固定不动，在轴承外圈的右端面安装圆形弹簧片对轴承进行预紧。

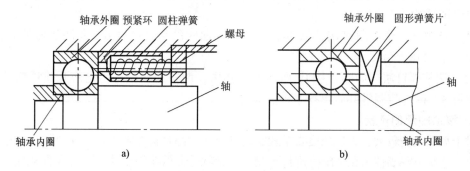

图 3 – 122　单个角接触球轴承预紧

a）可调式圆柱压缩弹簧预紧装置　b）固定圆形片式弹簧预紧装置

（3）内圈为圆锥孔轴承的预紧。如图 3 – 123 所示，拧紧螺母 1 可以使锥形孔内圈往轴颈大端移动，使内圈直径增大形成预负荷来实现预紧。

二、轴组的装配

1. 滚动轴承的固定方式

（1）两端单向固定方式。如图 3 – 124 所示，在轴两端的支撑点用轴承盖单向固定，分别限制两个方向的轴向移动。为避免轴受热伸长而使轴承卡住，在右端轴承外圈与端盖间留有不大的间隙（0.5～1 mm），以便游动。

（2）一端双向固定方式。如图 3 – 125 所示，将右端轴承双向轴向固定，左端轴承可随轴进行轴向游动。这种

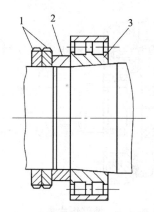

图 3 – 123　内圈为圆锥孔轴承预紧

1—螺母　2—隔套　3—轴承内圈

固定方式工作时不会发生轴向窜动，受热时又能自由地向另一端伸长，轴不致被卡死。若游动端采用内圈、外圈可分的圆柱滚子轴承，此时，轴承内圈、外圈均需双向轴向固定，当轴受热伸长时，轴带着内圈相对外圈游动，如图3－126所示。

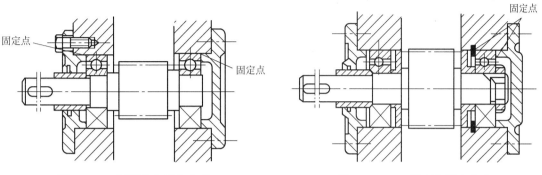

图3－124 两端单向固定方式　　　　　图3－125 一端双向固定方式

如果游动端采用内圈、外圈不可分离型深沟球轴承或调心球轴承，此时，只需轴承内圈双向固定，外圈可在轴承座孔内游动，轴承外圈与座孔之间应取间隙配合，如图3－127所示。

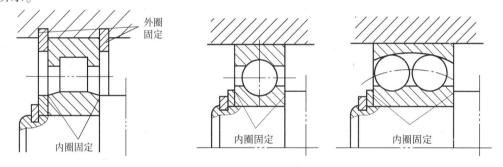

图3－126 内圈、外圈双向轴向固定　　　图3－127 内圈双向固定

2. 滚动轴承的定向装配

对精度要求较高的主轴部件，为了提高主轴的回转精度，轴承内圈与主轴装配及轴承外圈与箱体孔装配时，常采用定向装配的方法。定向装配就是人为地控制各装配件径向跳动的方向，合理组合，采用误差相互抵消来提高装配精度的一种方法。装配前需对主轴轴端锥孔中心线偏差及轴承的内圈、外圈径向圆跳动进行测量，确定误差方向并做好标记。

（1）装配件误差的检测方法

1）轴承外圈径向圆跳动检测。如图3－128所示，测量时，转动外圈并沿百分表方向压迫外圈，百分表的最大读数差值即为外圈最大径向圆跳动。

2）轴承内圈径向圆跳动检测。如图3－129所示，测量时外圈固定不转，内圈端面上施以均匀的测量负荷 F，F 的数值根据轴承类型及直径变化，然后使内圈旋转一周以上，便可测得轴承内圈内孔表面的径向圆跳动量及其方向。

3）主轴锥孔中心线的检测。如图3－130所示，测量时将主轴轴颈置于V形架上，在主轴锥孔中插入测量用心轴，转动主轴一周以上，便可测得锥孔中心线的偏差数值及方向。

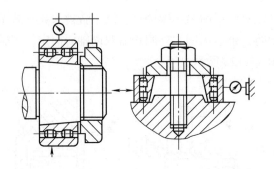

图 3-128　轴承外圈径向圆跳动检测

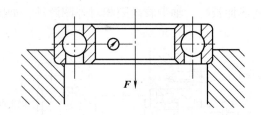

图 3-129　轴承内圈径向圆跳动检测

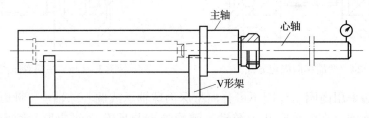

图 3-130　主轴锥孔中心线的检测

（2）滚动轴承定向装配要点

1）主轴前轴承的精度比后轴承的精度高一级。

2）前后两个轴承内圈径向圆跳动量最大的方向置于同一轴向截面内，并位于旋转中心线的同一侧。

3）前后两个轴承内圈径向圆跳动量最大的方向与主轴锥孔中心线的偏差方向相反。

按不同方法进行装配后的主轴精度的比较如图 3-131 所示。图中 δ_1、δ_2 分别为主轴前、后轴承内圈的径向圆跳动量；δ_3 为主轴锥孔中心线对主轴回转中心线的径向圆跳动量；δ 为主轴的径向圆跳动量。

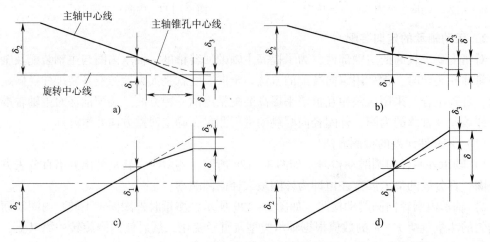

图 3-131　滚动轴承定向装配示意图

a）δ_1、δ_2 与 δ_3 方向相反　b）δ_1、δ_2 与 δ_3 方向相同　c）δ_1 与 δ_2 方向相反，δ_3 在主轴中心线内侧

d）δ_1 与 δ_2 方向相反，δ_3 在主轴中心线外侧

如图 3 - 131a 所示，按定向装配要求进行装配的主轴的径向圆跳动量 δ 最小，$\delta < \delta_3 <$ $\delta_1 < \delta_2$。如果前后轴承精度相同，主轴的径向圆跳动量反而增大。

同理，轴承外圈也应按上述方法定向装配。对于箱体部件，由于检测轴承孔偏差较费时间，可将前后轴承外圈的最大径向圆跳动点在箱体孔内装在一条直线上。

三、滚动轴承及主轴部件的检查与修理

1. 滚动轴承的修理

滚动轴承在长期使用中会出现磨损或损坏，发现故障后应及时调整或修理，否则轴承将会很快地损坏。滚动轴承损坏的形式有工作游隙增大，工作表面产生麻点、凹坑和裂纹等。

对于轻度磨损的轴承可通过清洗轴承、轴承壳体，重新更换润滑油和精确调整间隙的方法来恢复轴承的工作精度和工作效率。对于磨损严重的轴承，一般采取更换处理。

2. 主轴部件的检查与修理

（1）主轴的检查与修理。主轴精度直接影响装配后的回转精度，因此，要对各配合表面的尺寸精度、表面粗糙度和几何精度（如圆度、直线度、同轴度、径向圆跳动和轴向圆跳动等）进行检查，对不符合要求处应进行修理。轴颈处的磨损，通常采用镀铬法进行修复，也可通过喷涂法和镶套法进行修复。当磨损较严重时，可采用振动堆焊的方法，堆焊厚度一般可达 1 ~ 1.5 mm，堆焊后再用机械加工方法加工至要求的精度。

（2）主轴箱体孔的检查与修理。

1）检查。将箱体放在镗床工作台上，用 3 个千斤顶支撑底面并进行找正（见图 3 - 132），在镗刀杆上装一杠杆百分表，检测前后主轴孔同轴度，一般不超过 0.015 mm；同时检查两端面 B 和 C 对主轴孔的垂直度，在安装连接盘的直径范围内不应超过 0.015 mm；再检查孔的直线度，一般不应超过 0.01 mm。

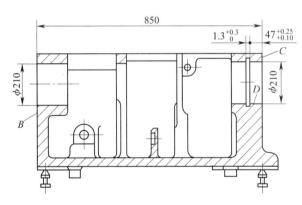

图 3 - 132　主轴箱

2）修理。如果主轴孔严重损坏，特别是前轴承孔配合过松或有较大的锥度及圆度误差，都将直接引起轴承外圈变形，降低轴承精度，常采用镶套修理。

（3）后轴承壳体的检查和修理。

1）如图 3 - 133 所示，首先检测后轴承壳体内孔 $\phi180$ mm 的尺寸精度是否合格，其直线度和圆度允差一般为 0.01 mm。

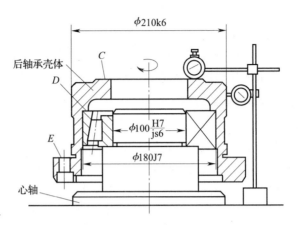

图 3 – 133　后轴承壳体的检查方法

2）将轴承外圈装进后轴承壳体，再将轴承内圈装在检查心轴上，将其置于平板上（见图 3 – 133），用百分表检查外径 $\phi210$ mm 的径向圆跳动，不应超过 0. 01 mm，端面 C、E 的轴向圆跳动不应超过 0. 005 mm，若超过则要刮研 C、E 面至要求尺寸。

（4）衬套、垫圈、圆螺母的检查和修理。

1）检查。在标准平板上用涂色法检查衬套、垫圈、圆螺母两端面的接触面，一般不应低于 85%；再用杠杆千分尺检查两端面平行度（允差为 0. 005 mm），而后将垫圈、开口垫圈与推力球轴承组合起来，放在标准平板上（见图 3 – 134），用百分表在四个方向上测量平行度（允差 0. 005 mm）。

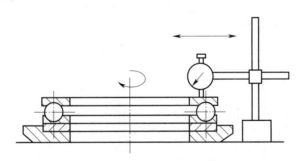

图 3 – 134　推力球轴承与垫圈的组合检查方法

2）修理。衬套、垫圈若超过平行度允差，则应在平面磨床上磨平或研磨达到要求。对于圆螺母，可在车床上车一螺纹心轴，将圆螺母拧上并紧固，用车刀将圆螺母与衬套接触的平面车平，使之符合要求。

任务实施

一、C630 型车床主轴轴组的装配

如图 3 – 135 所示为 C630 型车床主轴部件。它是车床的关键部分，在工作时承受很大的切削力。其装配顺序如下。

1. 将卡环 1 和滚动轴承 2 的外圈装入主轴箱体前轴承孔中。

2. 将滚动轴承 2 的内圈按定向装配法从主轴的后端套上，并依次装入调整套 16 和调整螺母 15（见图 3-136a）。适当预紧调整螺母 15，防止轴承内圈改变方向。

3. 将图 3-136a 所示的主轴组件从箱体前轴承孔中穿入，在此过程中，依次将键、大齿轮 4、螺母 5、垫圈 6、开口垫圈 7 和推力球轴承 8 装在主轴上，然后把主轴穿至要求的位置。

4. 从箱体后端，将图 3-136b 所示的后轴承壳体分组件装入箱体，并拧紧螺钉。

5. 将圆锥滚子轴承 10 的内圈按定向装配法装在主轴上，敲击时用力不要过大，以免主轴移动。

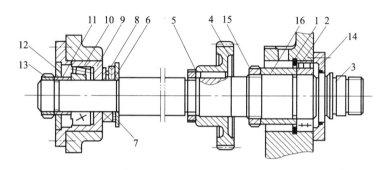

图 3-135 C630 型车床主轴部件

1—卡环 2—滚动轴承 3—主轴 4—大齿轮 5—螺母 6—垫圈 7—开口垫圈
8—推力球轴承 9—轴承座 10—圆锥滚子轴承 11—衬套 12—盖板
13—圆螺母 14—法兰 15—调整螺母 16—调整套

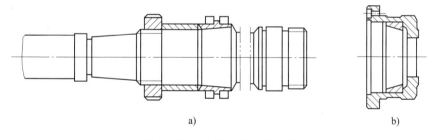

a)   b)

图 3-136 主轴分组组件装配

a）主轴组件 b）后轴承套与外圈组成后轴承壳体分组件

6. 依次装入衬套 11、盖板 12、圆螺母 13 及法兰 14，并拧紧所有螺钉。

7. 对装配情况进行全面检查，防止漏装和错装。

二、C630 型车床主轴轴组的精度检验

1. 主轴径向跳动（径向圆跳动）的检验

如图 3-137a 所示，在锥孔中紧密地插入一根锥柄检验棒，将百分表固定在机床上，使百分表测头顶在检验棒表面上，旋转主轴，分别在靠近主轴端部的 a 点和距 a 点 300 mm 远的 b 点检验。a、b 的误差分别计算，主轴转一转，百分表读数的最大差值就是主轴的径向圆跳动误差。为了避免检验棒锥柄配合不良的影响，拔出检验棒，相对主轴旋转 90°，重新

插入主轴锥孔内，依次重复检验 4 次，4 次测量结果的平均值为主轴的径向圆跳动误差。主轴径向跳动量也可按图 3 – 137b 所示，直接测量主轴定位轴颈。主轴旋转一周，百分表的最大读数差值为径向圆跳动误差。

2. 主轴轴向窜动（轴向圆跳动）的检验

如图 3 – 138 所示，在主轴锥孔中紧密地插入一根锥柄短检验棒，中心孔中装入钢球（钢球用黄油黏上），百分表固定在床身上，使百分表测头顶在钢球上。旋转主轴检查，百分表读数的最大差值，就是轴向窜动误差值。

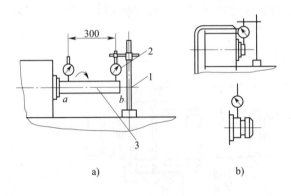

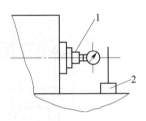

a) b)

图 3 – 137　主轴径向圆跳动的测量
1—百分表架　2—百分表　3—锥柄检验棒

图 3 – 138　主轴轴向窜动的测量
1—锥柄短检验棒　2—磁力表架

三、C630 型车床主轴轴组的调整

主轴部件的调整分预装调整和试车调整两步进行。

1. 主轴部件预装调整

在主轴箱部件安装其他零件之前，先将主轴按图 3 – 135 进行一次预装，其目的是一方面检查组成主轴部件的各零件是否能达到装配要求；另一方面空箱便于翻转，修刮箱体底面比较方便，易于保证底面与床身结合面的良好接触以及主轴轴线对床身导轨的平行度。主轴轴承的调整顺序，一般应先调整固定支撑，再调整游动支撑。对 C630 型车床而言，应先调整后轴承，再调整前轴承。

（1）后轴承的调整。如图 3 – 135 所示，先将调整螺母 15 松开，旋转圆螺母 13，逐渐收紧圆锥滚子轴承和推力球轴承。用百分表触及主轴前端面，用适当的力前后推动主轴，保证轴向间隙在 0.01 mm 之内。同时用手转动大齿轮 4，若感觉不太灵活，可能是圆锥滚子轴承内圈、外圈没有装正，可用大木锤（或铜棒）在主轴前后端敲击，直到手感觉主轴旋转灵活为止，最后将圆螺母 13 锁紧。

（2）前轴承的调整。如图 3 – 135 所示，逐渐拧紧调整螺母 15，通过调整套 16 的移动，使轴承内圈做轴向移动，迫使内圈胀大。用百分表触及主轴前端轴颈处（见图 3 – 139），撬动杠杆使主轴受 200 ~ 300 N 的径向力，保证轴承径向间隙在 0.005 mm 之内，且用手转动大齿轮，应感觉灵活自如，最后将调整螺母 15 锁紧。

装配轴承内圈时，应先检查其内锥面与主轴锥面的接触面积，一般应大于 50%。如果锥面接触不良，收紧轴承时，会使轴承内滚道发生变形，破坏轴承精度，缩短轴承使用寿命。

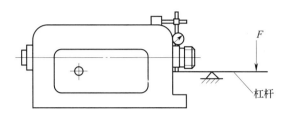

图 3 – 139 主轴径向间隙的检查

2. 主轴的试车调整

机床正常运转时，主轴箱内温度升高，主轴轴承间隙也会发生变化，而主轴的实际理想工作间隙是在机床温升稳定后所调整的间隙。试车调整方法如下。

按要求给主轴箱加入润滑油，用划针在螺母边缘和主轴上做出标记，记住原始位置。适当拧松调整螺母 15 和圆螺母 13，用锤（或铜棒）在主轴前后端适当振击，使轴承回松，保持间隙在 0 ~ 0.02 mm 之内。主轴从低速到高速空转时间不超过 2 h，在最高速的运转时间不少于 30 min，一般油温不超过 60 ℃即可。停车后锁紧调整螺母 15 和圆螺母 13，结束调整工作。

评分标准

序号	项目与技术要求	配分	评分标准	检测结果	得分
1	安装前清除各零件的污物和毛刺	5	不清除扣5分		
2	准备工具齐全	5	工具不齐全扣5分		
3	主轴部件安装	20	安装顺序一次不正确扣3分		
4	主轴径向圆跳动	10	不检查扣10分 检查方法不正确扣5分		
5	主轴轴向圆跳动	10	不检查扣10分 检查方法不正确扣5分		
6	主轴后轴承调整	10	不调整扣10分 调整方法不正确扣5分		
7	主轴前轴承调整	10	不调整扣10分 调整方法不正确扣5分		
8	主轴试车与调整	20	安装后不试车扣10分 试车后不调整扣10分		
9	安全文明操作	10	违反规定酌情扣分		

〔知识链接〕

滑动轴承的装配与维修

轴承在机械中是用来支撑轴和轴上旋转件的重要部件。它的种类很多，根据轴承与轴工作表面间摩擦性质的不同，轴承可分为滚动轴承和滑动轴承两大类。

前面讲述了滚动轴承及轴组的装配与修理，下面介绍滑动轴承的装配与修理。滑动轴承是仅发生滑动摩擦的轴承。

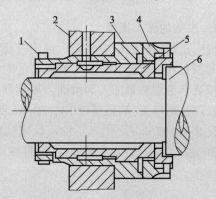

图 3 – 140　动压润滑轴承

1—后螺母　2—箱体　3—轴承外套

4—前螺母　5—轴承　6—轴

一、滑动轴承的分类和特点

1. 滑动轴承的分类

（1）按滑动轴承的摩擦状态分

1）动压润滑轴承。如图 3 – 140 所示，利用润滑油的黏性和高速旋转把油液带进轴承的楔形空间建立起压力油膜，使轴颈与轴承之间被油膜隔开，这种轴承称为动压润滑轴承。

2）静压润滑轴承。如图 3 – 141 所示，将压力油强制送入轴承的配合面，利用液体静压力支撑载荷，这种轴承称为静压润滑轴承。

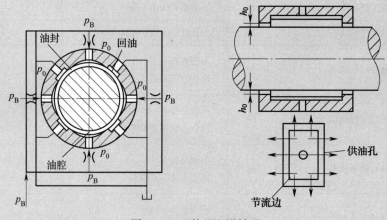

图 3 – 141　静压润滑轴承

（2）按滑动轴承的结构分

1）整体式滑动轴承。如图 3 – 142 所示，其结构是在轴承壳体内压入耐磨轴套，套内开有油孔、油槽，以便润滑轴承配合面。

2）剖分式滑动轴承。如图 3-143 所示，其结构是由轴承座、轴承盖、上轴瓦（轴瓦有油孔）、下轴瓦和双头螺柱等组成，润滑油从油孔进入润滑轴承。

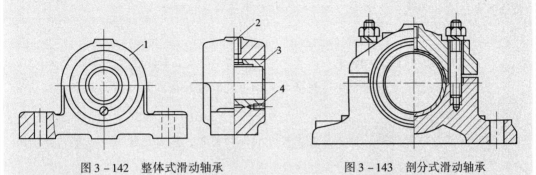

图 3-142 整体式滑动轴承　　　　　图 3-143 剖分式滑动轴承

1—轴承座　2—润滑孔　3—轴套　4—紧固螺钉

3）锥形表面滑动轴承。有内锥外柱式和内柱外锥式两种。

4）多瓦式自动调位轴承。如图 3-144 所示，其结构有五瓦式、三瓦式两种，而轴瓦又分长轴瓦和短轴瓦两种。

2. 滑动轴承的特点

滑动轴承具有结构简单、制造方便、径向尺寸小、润滑油膜吸振能力强等优点，能承受较大的冲击载荷，因而工作平稳，无噪声，在保证液体摩擦的情况下，轴可长期高速运转，适用于精密、高速及重载的转动场合。由于轴颈与轴承之间应获得所需的间隙才能正常工作，因而影响了回转精度的提高；即使在液体润滑状态，润滑油的滑动阻力摩擦因数一般仍在 0.08~0.12 之间，故其温升较高，润滑及维护较困难。

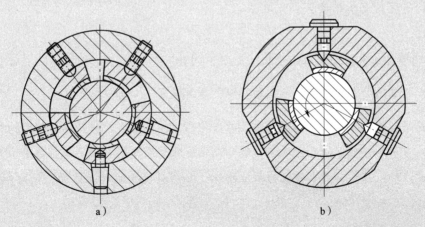

图 3-144 多瓦式自动调位轴承

a）五瓦式　b）三瓦式

二、滑动轴承的装配

滑动轴承装配的主要技术要求是在轴颈与轴承之间获得合理的间隙，保证轴颈与轴承的良好接触和充分的润滑，使轴颈在轴承中旋转平稳可靠。

1. 整体式滑动轴承的装配

（1）装配前，将轴套和轴承座孔去毛刺，清理干净后在轴承座孔内涂润滑油。

（2）根据轴套尺寸和配合时过盈量的大小，采取敲入法或压入法将轴套装入轴承座孔内，并进行固定。

（3）轴套压入轴承座孔后，易发生尺寸和形状变化，应采用铰削或刮削的方法对内孔进行修整、检验，以保证轴颈与轴套之间有良好的间隙配合。

2. 剖分式滑动轴承的装配

剖分式滑动轴承的装配工艺如图3－145所示。先将下轴瓦4装入轴承座3内，再装垫片5，然后装上轴瓦6，最后装轴承盖7并用螺母1固定。剖分式滑动轴承装配要点如下。

（1）上、下轴瓦与轴承座、轴承盖应接触良好，同时轴瓦的台肩应紧靠轴承座两端面。

（2）为实现紧密配合，保证有合适的过盈量，薄壁轴瓦的剖分面应比轴承座的剖分面高一些。

（3）为提高配合精度，轴瓦孔应与轴进行研点配刮。

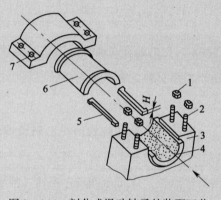

图3－145 剖分式滑动轴承的装配工艺
1—螺母 2—双头螺柱 3—轴承座
4—下轴瓦 5—垫片
6—上轴瓦 7—轴承盖

3. 内柱外锥式滑动轴承的装配（见图3－140）

（1）将轴承外套3压入箱体2的孔中，并保证有 $\frac{H7}{r6}$ 的配合要求。

（2）用心棒研点，修刮轴承外套3的内锥孔，并保证前、后轴承孔的同轴度。

（3）在轴承5上钻油孔，要求与箱体、轴承外套油孔相对应，并与自身油槽相接。

（4）以轴承外套3的内锥孔为基准研点，配刮轴承5的外圆锥面，使接触精度符合要求。

（5）把轴承5装入轴承外套3的孔中，两端拧上螺母1、4，并调整好轴承5的轴向位置。

（6）以主轴为基准，配刮轴承 5 的内孔，使接触精度合格，并保证前、后轴承孔的同轴度符合要求。

（7）清洗轴颈及轴承孔，重新装入主轴，并调整好间隙。

三、滑动轴承的修理

滑动轴承的损坏形式有工作表面的磨损、烧熔、剥落、裂纹等。造成这些损坏的主要原因是油膜因某种原因被破坏，从而导致轴颈与轴承表面产生直接摩擦。

对于不同轴承的损坏，采取的修理方法也不同。

1. 整体式滑动轴承的修理，一般采用更换轴套的方法。

2. 剖分式滑动轴承轻微磨损，可通过调整垫片、重新修刮的办法处理。

3. 内柱外锥式滑动轴承，如工作表面没有严重擦伤，仅做精度修整时，可以通过螺母来调整间隙；当工作表面有严重擦伤时，应将主轴拆卸，重新刮研轴承，恢复其配合精度。当没有调整余量时，可采用喷涂法等加大轴承外锥圆直径，或车去轴承小端部分圆锥面，加长螺纹长度以增加调整范围等方法。当轴承变形、磨损严重时，则必须更换。

4. 对于多瓦式滑动轴承，当工作表面出现轻微擦伤时，可通过研磨的方法对轴承的内表面进行研抛修理。当工作表面因抱轴烧伤或磨损较严重时，可采用刮研的方法对轴承的内表面进行修理。

模块四　车床总装配

车床主轴箱、进给箱、溜板（床鞍）箱各部件组装合格后，先安装作为基础的床身和床脚，精刮床身，再进行床鞍配刮与装配，安装进给箱、溜板箱、主轴箱、尾座、刀架及丝杠、光杠和开关杠，完成车床总装，最后进行试车和检验。

课题 1　　床身刮削与床脚安装

学习目标

1. 了解导轨的作用及装配技术要求
2. 掌握导轨的刮削工艺及精密量仪的使用

学习任务

在车床总装配过程中，床脚是车床的基础，床身导轨是各部件在工作时保持准确相互位置的基准部件。床身与床脚用螺钉连接后，通过对床身导轨的精加工，才能达到装配要求，如图 4-1 所示。根据技术要求完成装配并对导轨进行刮削。

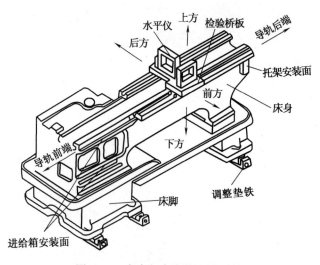

图 4-1　床身与床脚装配及测量

床身与床脚用螺栓连接，贴合面精度要求不高（2～3点/25 mm×25 mm）。床身导轨不仅是床鞍移动的导向面和保证刀具直线移动的关键，也是主轴箱、进给箱、溜板箱、尾座等其他部件安装的基准，因此床身与床脚结合后导轨需精加工。精加工方法有刮研法、精刨代刮法、以磨代刮法三种，单件小批生产或机修时常用刮研法（刮削导轨每25 mm×25 mm范围内接触点不少于10点，刮削表面的表面粗糙度值 $Ra1.6\ \mu m$ 以下）。为保证较高的导轨精度，刮削时应及时使用平尺、水平仪和百分表测量。以刮研法为例，其步骤为：安装准备→床身床脚装配→导轨刮削、检验。

相关知识

机床常用的检测工具包括水平仪、平尺、方尺和直角尺、检验棒、垫铁和检验桥板等。

一、水平仪

水平仪主要用来测量导轨在铅垂平面内的直线度、工作台面平面度及零件间的垂直度和平行度。

1. 水平仪种类

水平仪种类包括条形水平仪、框式水平仪、合像水平仪，如图4-2所示。

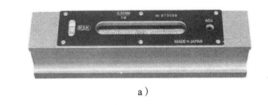

a）

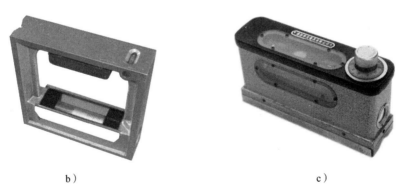

b）　　　　　　　　　　　　　　　c）

图4-2　水平仪种类

a）条形水平仪　b）框式水平仪　c）合像水平仪

2. 水平仪读数方法

（1）绝对读数法。气泡在中间位置时读作0。气泡向任意一端偏离零线的格数即为实际偏差格数。按从左至右的测量习惯，偏离测量起始端为"＋"，偏向起始端为"－"。如图4-3a

所示，读数为 +2 格。

（2）平均值读数法。以两长刻线（零线）为准，向两个方向分别读出气泡停止的格数，再把两者相加除以 2 即为其读数值，此方法读数精度高。如图 4 – 3b 所示，读数为 +2.5 格。

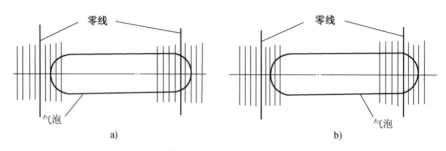

图 4 – 3 水平仪读数方法

a）绝对读数法 b）平均值读数法

（3）合像水平仪的读数方法。合像水平仪的灵敏度高，气泡要较长的时间才能稳定不动，待气泡影像符合后再读数。毫米数从侧窗口内的标尺上读得，微米数从微分盘上读得，数值的正负方向由微分手轮的旋转方向决定（手轮上端标有 " + " " – " 符号和方向箭头）。

3. 用水平仪测量垂直平面内直线度

水平仪使用方便、测量精度高，是测量工作中使用较为广泛的精密仪器。但是，它只能测量导轨在垂直平面内的直线度，不能测量导轨在水平面内的直线度。

设导轨长度为 1 600 mm，用精度为 0.02 mm/1 000 mm 的框式水平仪（方框尺寸为 200 mm×200 mm）检查，其测量步骤如下。

（1）调整导轨水平。将水平仪置于导轨中间和两端位置上，调整导轨水平（水平仪在任意位置气泡都在显示范围内显示）。

（2）逐段检查并读数。将导轨分成 8 段，逐次在每 200 mm 段位置上读出气泡显示刻度值，假设依次为 +1、+2、–1、0、+3、+1、–2、–2，单位为格。

（3）直线度误差值的确定（可通过计算法或作图法求出直线度误差值）。

1）作图法。在坐标纸上将测得各段读数按累计（代数和）的坐标值依次标出相应导轨段坐标点，连接各坐标点即为导轨在垂直平面内的直线度误差曲线，如图 4 – 4 所示。由图 4 – 4 计算可知，导轨最大误差格数为 4.5 格（图 4 – 4 中 α 为安装水平倾斜角）。

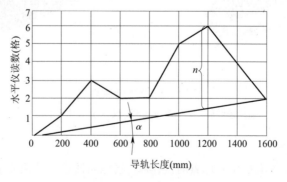

图 4 – 4 导轨直线度误差曲线

将最大误差格数转换为直线长度误差值，计算公式如下。

$$\Delta = nil$$

式中　Δ——直线度误差值，mm；

n——误差曲线中最大误差格数；

i——水平仪的精度，$i = 0.02$ mm/1 000 mm；

l——每测量段长度，mm。

则

$$\Delta = nil = 4.5 \times \frac{0.02}{1\ 000} \times 200\ \text{mm} = 0.018\ \text{mm}$$

2）计算法。步骤如下。

①求读数的代数平均值。

$$\delta_{\text{平}} = （ +1 +2 -1 +0 +3 +1 -2 -2）/8\ 格 = 0.25\ 格$$

②求相对值，即在原每一读数上减去代数平均值，得 + 0.75、 + 1.75、 − 1.25、 − 0.25、 + 2.75、 + 0.75、 − 2.25、 − 2.25。

③求逐项累积值，每一测量位置上的累积值，等于该位置的相对值与该位置前所有相对值的代数和。计算结果为： + 0.75、 + 2.5、 + 1.25、 + 1、 + 3.75、 + 4.5、 + 2.25、0。

④找出最大值与最小值的代数差，即为该导轨的直线度误差。则最大读数误差为：

$$n = +4.5 - 0\ 格 = 4.5\ 格$$

换算成直线度误差值为：

$$\Delta = nil = 4.5 \times \frac{0.02}{1\ 000} \times 200\ \text{mm} = 0.018\ \text{mm}$$

二、平尺

平尺包括桥形平尺、平行平尺、角形平尺，如图 4 − 5 所示。桥形平尺用于上表面刮研或测量导轨；平行平尺有上下两个工作面；角形平尺用于检测燕尾导轨。

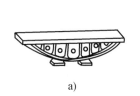 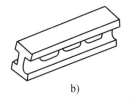 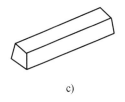

a)　　　　　　　　　　　b)　　　　　　　　　　　c)

图 4 − 5　平尺

a）桥形平尺　b）平行平尺　c）角形平尺

三、方尺和直角尺

方尺和直角尺（见图 4 − 6）用来检测机床部件的垂直度。

四、检验棒

检验棒主要用来检测机床主轴及套筒类零部件的径向圆跳动、轴向窜动、同轴度、平行度等，是机床装配和修理工作中常备工具之一，如图 4 − 7 所示。

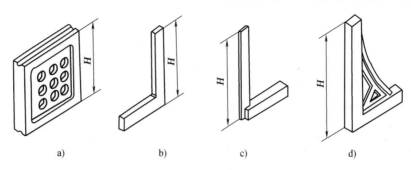

图 4 - 6　方尺和直角尺

a）方尺　b）平角尺　c）宽底座角尺　d）直角尺

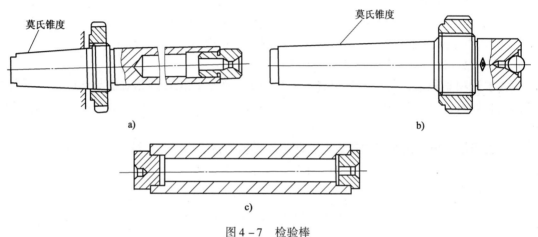

图 4 - 7　检验棒

a）长检验棒　b）短检验棒　c）直检验棒

五、垫铁

垫铁是一种检验导轨精度的通用工具，如图 4 - 8 所示，主要用作水平仪及百分表架等测量工具的垫铁。材料多为铸铁，根据使用目的和导轨形状不同，可制成多种形状。

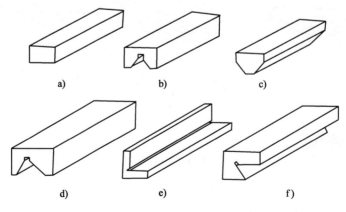

图 4 - 8　垫铁

a）平面垫铁　b）凹 V 形等边垫铁　c）凸 V 形等边垫铁
d）凹形不等边垫铁　e）直角垫铁　f）55°角垫铁

六、检验桥板

检验桥板（见图4-9）与水平仪合用，用于检验机床导轨面间相互位置（几何）精度。

图4-9 检验桥板

任务实施

一、装配前的准备工作

1. 看装配图，确定装配顺序。装配的基本原则是：先基准后其他，先下后上，先内后外，先难后易，先精密后一般，先重后轻。装配顺序为：床身与床脚的拼装→刮削床鞍导轨→刮削尾座导轨→刮削压板导轨。

2. 按装配规程清理好结合面，并保持无异物进入安装面。

3. 准备工具、量具。

二、床身与床脚的拼装

1. 刮削床身与床脚的结合面至2～3点／（25 mm×25 mm）。

2. 结合面倒角、去毛刺。

3. 结合面清理。

4. 在连接螺栓上加等高垫圈，均匀拧紧各螺栓。

三、床身的调平

1. 把可调垫铁置于床脚、地脚螺栓附近。

2. 用水平仪测量，调整床身处于水平位置，并使各垫铁受力均匀。

四、床身的刮削与测量

1. 床鞍导轨

（1）如图4-10所示为车床导轨的结构，应选择刮削量最大，导轨中最重要和精度要求最高的床鞍导轨6、7作为刮削基准，用角度平尺研点，水平仪测量导轨直线度并绘制导轨曲线图。刮削至导轨直线度、接触点数（12～14点/25 mm×25 mm）和表面粗糙度值均符合要求为止。床鞍导轨的直线度公差：在铅垂平面内，全长上为0.03 mm，任意500 mm长度上为 0.015 mm，只许凸。在水平面内，全长上为 0.025 mm。

（2）如图 4 - 10 所示，以 6、7 面为基准，用平尺研点，刮平导轨 2。要保证其直线度与基准导轨面的平行度要求。接触点数为 12 ~ 14 点／（25 mm × 25 mm）。床鞍导轨的平行度（扭曲）公差：全长上为 0.04 mm。

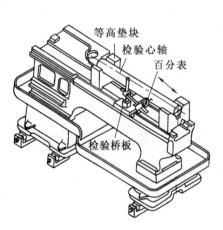

图 4 - 10　车床导轨

1、8—压板导轨　2、6、7—床鞍导轨

3、4、5—尾座导轨　9—齿条安装面

（3）测量导轨在铅垂平面内直线度及床鞍导轨平行度，水平仪的摆放方法如图 4 - 1 所示。使检验桥板沿导轨移动，一般测 5 点，得 5 个水平仪读数。横向水平仪读数差为导轨平行度误差；纵向水平仪用于测量直线度，可根据读数画出导轨曲线图并计算误差值。

（4）测量导轨在水平面内的直线度，如图 4 - 11 所示。移动桥板，百分表在导轨全长范围内最大读数与最小读数之差，为导轨在水平面内直线度误差值。

2. 尾座导轨

以床鞍导轨为基准刮削尾座导轨 3、4、5 面，使其达到自身形状精度要求和对床鞍导轨的平行度要求。如图 4 - 12 所示，将检验桥板横跨在床鞍导轨上，百分表座吸在桥板上，触头触及尾座导轨 3、4 或 5，沿导轨在全长上移动桥板，百分表读数差即为平行度误差。床鞍导轨与尾座导轨的平行度公差：铅垂平面和水平面内均为全长上 0.04 mm，任意 500 mm 长度上为 0.03mm。接触点数为 12 ~ 14 点／（25 mm × 25 mm）。

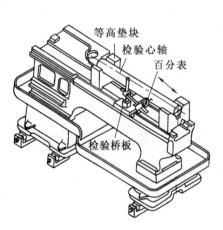

图 4 - 11　测量导轨在水平

面内的直线度

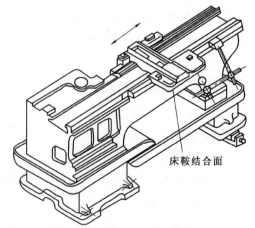

图 4 - 12　尾座导轨对床鞍导

轨平行度的测量

3. 压板导轨

要求达到与床鞍导轨的平行度及自身形状精度。如图 4 - 13 所示，床鞍导轨对床身齿条安装面的平行度公差：全长上为 0.03 mm，任意 500 mm 长度上为 0.02 mm。接触点数为 4 ~ 6 点／（25 mm × 25 mm）。

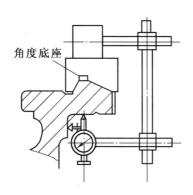

角度底座

图4－13　压板导轨对床鞍导轨平行度的测量

评分标准

序号	项目与技术要求	配分	评分标准	检测结果	得分
1	床身与床脚拼装	10	2～3点／（25 mm×25 mm），贴合平整		
2	调平	10	床身水平		
3	床鞍凸导轨	15	点数、直线度		
4	床鞍平导轨	15	点数、直线度		
5	尾座凸导轨	10	点数、直线度、平行度		
6	尾座平导轨	10	点数、直线度、平行度		
7	压板导轨	10	点数、平行度		
8	量具正确选择、使用	10	正确选择、使用		
9	安全文明操作	10	酌情扣分		

〔知识链接〕

其他测量仪器

测量导轨精度除选用水平仪、百分表外，还可选择以下几种精密量具。

一、光学平直仪

如图4－14所示的光学平直仪是一种精密测量仪器，分度值为1″。通过转动目镜，可同时测出工件水平方向和垂直方向的直线度，还可测出滑板运动的直线度。用标准角度量块进行比较，还可以测量角度。光学平直仪可以用于较大尺寸、高精度的工件和机床导轨的测量和调整，尤其是用于各种导轨的测量。

图 4 - 14　光学平直仪

二、自准直仪

如图 4 - 15 所示的单向自准直仪为精密仪器，其测量范围为 0 ~ 10′，最小分辨率 2″，测量距离 0 ~ 9 m。该仪器主要用于小角度的精密测量，如多面棱体的检定，也可测量高精度导轨等精密零件的直线度、平行度、垂直度及相对位置。在精密测量和仪器检定中还可做非接触式定位，又可做自动测量。

三、经纬仪

如图 4 - 16 所示为经纬仪，在机床精度检查中是一种高精度的测量仪器。它具有竖轴和横轴，可以使瞄准望远镜管在水平方向做 360° 的转动，也可以在垂直面内做大角度的俯仰。测角精度为 2″。经纬仪主要用于坐标镗床的水平转台和万能转台、精密滚齿机和齿轮磨床的分度精度的测量，常与自准直仪组成光学系统一起使用。

图 4 - 15　单向自准直仪　　　　　　图 4 - 16　经纬仪

床鞍的配刮与装配

学习目标

1. 了解床鞍配刮技术要求
2. 掌握床鞍的刮削工艺及测量方法

学习任务

如图 4-17 所示为车床床鞍（溜板）部件工作图。床鞍导轨与床身导轨配合形成运动副，实现刀具和工件纵向直线运动；上导轨面与刀架下滑座配合，实现刀具和工件横向直线运动。根据技术要求完成该机构的装配。

图 4-17 车床床鞍（溜板）部件工作图

该部件包括床鞍及刀架下滑座两个主要部分，床鞍上导轨面与刀架下滑座组成横向切削运动，床鞍下导轨面与床身导轨组成纵向切削运动。导轨配合状况良好与否，是保证刀架直线运动的关键。因此，床鞍上、下导轨面分别与床身导轨和刀架下滑座配刮完成。装配步骤：安装准备→配刮横向燕尾导轨及配镶条→配刮床鞍下导轨面→刮削床身下导轨及配刮压板→床鞍与床身装配。

> **任务实施**

一、安装前准备

1. 看装配图并根据技术要求准备好工具、量具。

2. 确定刮削顺序。

3. 安装前清理（洗）好各零部件。

4. 装配。

二、配刮横向燕尾导轨

1. 刮刀架下滑座表面 1、2

如图 4-18 所示，在平板上刮研表面 1、2，其平面度以平板及接触点为准。用 0.03 mm 塞尺检查时不得插入；下滑座表面 1、2 平面度公差为 0.02 mm，接触点 10~12 点／（25 mm × 25 mm）。

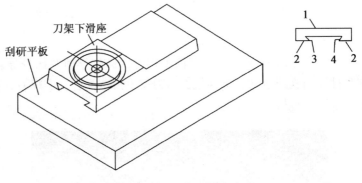

图 4-18 刮刀架下滑座表面

2. 刮刀架下滑座表面 3（见图 4-18）及床鞍表面 5、6（见图 4-19）

（1）因为床鞍是薄壁零件，放置不当容易变形，应将床鞍放在床身上，用刀架下滑座作为研具刮研表面 5（见图 4-19）。

（2）先将刀架下滑座的表面 3 按床鞍配刮角度至接触点均匀。然后以它为研具，反过来修刮床鞍斜面 6。

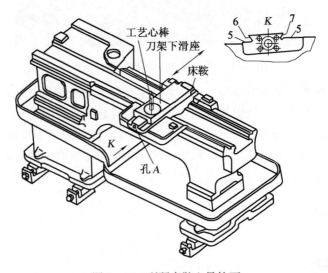

图 4-19 刮研床鞍上导轨面

（3）研具的拖研长度不宜超出床鞍过长。工艺心棒用手握住，以防止工伤事故的发生。

（4）表面5、6对孔A必须保持平行，测量方法按图4-20所示。在孔A中插入检验心轴，百分表吸附在角度底座上，分别在上母线a和侧母线b上测量平行度误差。表面5、6对孔轴线的平行度公差在300 mm长度上0.05 mm；表面6的直线度公差全长上0.02 mm，接触点8~10点/（25 mm×25 mm）。

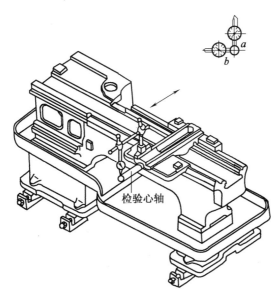

图4-20　测量床鞍上导轨面对横丝杠孔的平行度

（5）斜面6的直线度误差，可按图4-21所示进行测量。测量时，先在床鞍的两端校正平行平尺使读数相等，沿燕尾导轨全长上百分表的最大读数差就是直线度误差。

（6）当床鞍的表面5、6刮研至要求后，精刮刀架下滑座的斜面3。

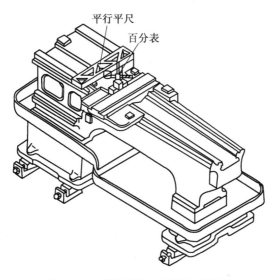

图4-21　测量床鞍上导轨的直线度

3. 刮床鞍导轨面 7（见图 4 – 19）并配置楔铁

（1）在标准平板上刮楔铁工作面达到要求，然后用楔铁装入刀架下滑座内来配刮表面 7，使刀架下滑座在床鞍的燕尾导轨全长上移动时无轻、重或松、紧的现象。

（2）在刮研过程中也可用如图 4 – 22 所示方法测量表面 7 对表面 5、6 的平行度误差。测量圆柱放在导轨两端，两次测得的读数差就是平行度误差。表面 7 对表面 5、6 的平行度公差全长上 0.02 mm；接触点为 8 ~ 10 点/（25 mm×25 mm）。

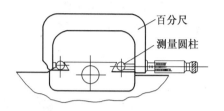

图 4 – 22　测量床鞍燕尾导轨的平行度误差

（3）最后检查燕尾导轨与刀架下滑座的接触配合精度：在任意长度位置上用 0.03 mm 塞尺检查，插入深度≤20 mm。

三、配刮床鞍下导轨面

1. 刮床鞍上、下导轨的垂直度

（1）按图 4 – 19、图 4 – 23 所示测量床鞍上、下导轨的垂直度误差。测量时，先纵向移动床鞍，校直角尺的一边。然后将百分表移动，放在刀架下滑座上，沿燕尾导轨横向全长上移动，百分表的最大读数差就是垂直度误差。要求百分表的读数向后方递增，若超出允差，刮研床鞍的下导轨面 8、9。表面 8、9 对导轨面 6、7 的垂直度公差在 300 mm 长度上为 0.02 mm；床鞍结合面对床身导轨的平行度公差全长上为 0.06 mm；床鞍结合面对进给箱、托架安装面的垂直度公差在 100 mm 长度上为 0.03 mm；接触点为 10 ~ 12 点/（25 mm×25 mm）。

（2）在刮研表面 8、9 达到垂直度要求的同时，要保证床鞍结合面的两项要求。

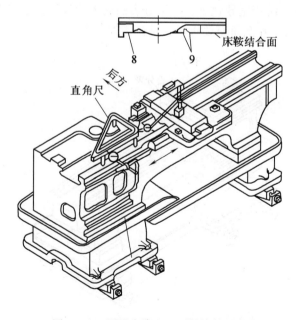

图 4 – 23　测量床鞍上、下导轨的垂直度

1）在纵向上与床身导轨平行，测量方法如图 4 - 24 所示，将百分表吸附在齿条安装面上，纵向移动床鞍检测。

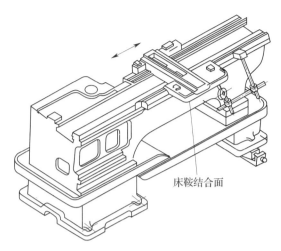

床鞍结合面

图 4 - 24　测量床鞍结合面对床身导轨的平行度

2）在横向上与进给箱、托架安装面垂直，其测量方法如图 4 - 25 所示。在进给箱安装面上夹持一直角尺，在直角尺处于水平的表面上移动百分表，测量床鞍结合面的精度。如无直角尺时用方尺或框式水平仪也可测量。测量这两项误差的目的是保证溜板箱中的丝杠、光杠孔轴线与床身导轨平行，传动平稳。

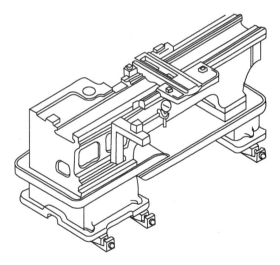

图 4 - 25　测量床鞍结合面对进给箱安装面的垂直度

3）表面 8、9 要求中间接触点稍微淡一些，用 0.03 mm 塞尺检查，插入深度≤20 mm。

2. 综合测量刀架下滑座表面 1

按图 4 - 26 所示综合测量刀架下滑座表面 1 对床身导轨的平行度。测量位置应接近主轴箱处，超差时可用小刮研平板研刮表面 1。刀架下滑座表面 1 对床身导轨的平行度公差在全长上为 0.03 mm，平面度公差为 0.02 mm，接触点为 10～12 点/（25 mm×25 mm）。

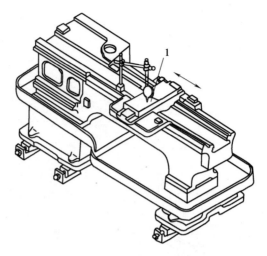

图 4 - 26　测量刀架下滑座表面 1 对床身导轨的平行度

四、刮床身下导轨 1、2 及配刮压板

1. 按图 4 - 27 所示测量床身上、下导轨的平行度。

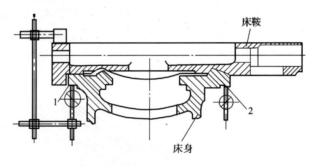

图 4 - 27　测量床身上、下导轨的平行度

2. 根据百分表的读数差粗刮表面 1、2，然后装上两侧压板来修正接触点。刮研时先将两侧压板调整到适当的配合，外侧压板是可以调节的，内侧压板的尺寸 a 可用磨（刨）削来达到，留有 0.03 ~ 0.04 mm 刮削余量，如图 4 - 28 所示。床身下导轨 1、2 对床身上导轨面的平行度公差在每米长度上为 0.02 mm，在全长上为 0.04 mm。接触点为 6~8 点／（25 mm × 25 mm）。

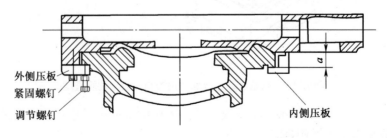

图 4 - 28　压板的调整

3. 床身下导轨刮研后，再精刮两侧压板的表面至 6~8 点／（25 mm × 25 mm）的接触点要求，全部螺钉调整紧固后，用 250 ~ 300 N 推力应使床鞍在导轨全长上移动无阻滞现象，

并用 0.03 mm 塞尺检查密合程度，端部插入深度≤20 mm。

4. 床鞍内侧有一夹紧压板（见图 4-28），用来使床鞍在承受横向载荷时定位夹紧，装配时应试验其可靠性。

五、床鞍与床身装配

将床鞍与床身等零部件装配至要求。

评分标准

序号	项目与技术要求	配分	评分标准	检测结果	得分
1	刮刀架下滑座表面 1、2	15	达不到要求不得分		
2	刮刀架下滑座表面 3，刮床鞍表面 5、6	15	达不到要求不得分		
3	刮床鞍导轨表面 7 并配置楔铁	15	达不到要求不得分		
4	检查床鞍上、下导轨的垂直度	20	达不到要求不得分		
5	综合测量刀架下滑座表面	10	达不到要求不得分		
6	刮床身下导轨 1、2 并配刮压板	15	达不到要求不得分		
7	安全文明操作	10	酌情扣分		

〔知识链接〕

导轨误差对零件加工精度的影响

床鞍上、下导轨几何误差直接影响零件的加工精度，具体表现在以下几方面。

一、导轨在水平面内的直线度误差

导轨在水平面内的直线度误差如图 4-29 所示。在纵向车削过程中，刀尖的运动轨迹相对于工件的轴线之间不能保持平行，使刀尖在水平面内产生移位 Δy，并且引起工件半径方向的误差 ΔR，其大小与 Δy 相等。当导轨向后凸出时，工件就产生鞍形加工误差；当导轨向前凸出时，工件就产生鼓形加工误差。

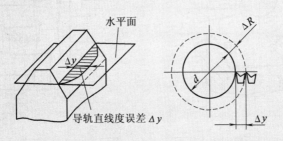

图 4-29 导轨在水平面内的直线度误差

二、导轨在垂直平面内的直线度误差

导轨在垂直平面内的直线度误差如图4-30所示，该误差造成中心高度位置变化对工件精度的影响。设导轨中间下凹，在纵向车削过程中，当刀尖下移量为Δz时，工件在半径方向会增大ΔR，由几何关系得$\Delta R \approx \Delta z^2/2R$。由于$\Delta R$和$\Delta z$是二次方关系，所以导轨在垂直平面内的直线度误差对加工精度的影响较小。

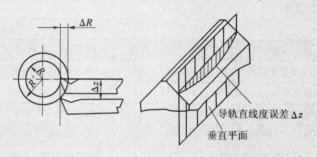

图4-30　导轨在垂直平面内的直线度误差

三、前后导轨在垂直平面内的平行度误差

前后导轨在垂直平面内的平行度误差如图4-31所示，该误差会使车床床鞍在沿床身导轨纵向移动时发生偏斜，使刀尖相对工件产生偏移，影响加工精度。若前后导轨高低相差Δ，由几何关系，工件半径误差$\Delta R = \Delta y \approx H\Delta/B$。对一般车床来讲$H \approx 2B/3$，对加工精度影响较大，不可忽略。另外，由于在不同横截面内Δ值不同，工件会产生圆柱度误差。

四、床鞍上导轨误差对工件的影响

由于在一般普通车床上大部分是加工中小型零件，刀架下滑座在燕尾导轨的中间位置移动的次数较多，承受切削载荷的机会较集中，因此燕尾导轨在接近机床中心部位的磨损就比较严重，在加工大端面零件时，将出现中间凸出的现象，如图4-32所示。

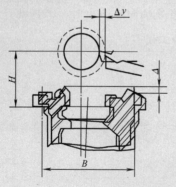

图4-31　前后导轨在垂直平面
内的平行度误差

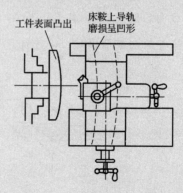

图4-32　床鞍上导轨误差
对工件的影响

导轨直线度误差的影响，对不同的机床有着不同的情况，应具体分析。由上述分析可知，在普通车床上加工时，车床导轨在水平面内的直线度误直接以1:1影响到工件直径尺寸，而在垂直平面内的直线度误差则可忽略不计。在机械制造工艺上，把加工表面的法线方向视为误差敏感方向，在该方向上的误差将直接反映到工件加工表面上。

课题3 溜板箱、进给箱、主轴箱安装

学习目标

1. 了解三箱装配技术要求
2. 掌握三箱装配工艺及精度的检测

学习任务

车床溜板箱、进给箱、主轴箱的定位确定了机床总装配各部件之间的相对位置，是总装配的关键。

车床溜板箱、进给箱、主轴箱的安装，主要应解决各部件之间的联系尺寸及相互之间的传动要求。溜板箱的安装位置直接影响丝杠、开合螺母能否正确啮合，进给能否顺利进行，同时还是确定进给箱和丝杠后托架安装位置的基准；安装进给箱、托架主要应保证丝杠孔的同轴度，并保证丝杠与床身的平行度；主轴箱的安装应保证主轴轴线与床身导轨在铅垂及水平方向的平行度。装配步骤：装配前的准备→复检导轨几何精度→安装溜板箱及齿条→安装进给箱、托架→安装主轴箱。

任务实施

一、装配前的准备工作

1. 看装配图，确定装配顺序（见学习任务）。
2. 按装配规程清理（洗）好结合面，并保证无异物进入安装面。
3. 准备工具、量具。

二、复检导轨几何精度

按图4－1所示检测床鞍移动在铅垂平面内的直线度（只许凸起）和倾斜；按如图4－11所示检测床鞍移动在水平面内的直线度。如有微量变形时，可调整至最佳状态。

三、安装溜板箱和齿条

1. 校正开合螺母中心线与床身导轨的平行度

如图 4-33 所示，在溜板箱的开合螺母体内卡紧一检验心轴，在床身检验桥板上紧固一丝杠中心检测工具。分别在左、右两端校正心轴上母线和侧母线与床身导轨的平行度，其误差值应在 0.15 mm 以下。

2. 溜板箱左右位置确定

安装时左右移动溜板箱，使横向齿轮副有合适的齿侧间隙。啮合间隙可用一张厚度为 0.08 mm 左右的纸张测试，以纸张呈将断不断状态时最适宜，也可通过横向进给手轮空转量不超过 1/30 r 来检查，如图 4-34 所示。

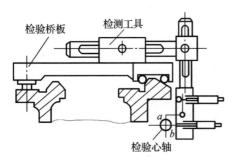

图 4-33 安装溜板箱

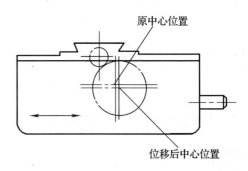

图 4-34 溜板箱横向进给齿轮
副的齿侧间隙调整

3. 溜板箱定位

溜板箱预装调整校正后，应等到进给箱和丝杠后托架的位置校正后，再配钻、铰定位孔，用锥销定位。

4. 溜板箱预装调整校正完成后安装齿条

安装的关键是纵走刀小齿轮与齿条的啮合间隙。啮合间隙也可用一张厚度为 0.08 mm 左右的纸张测试，并以此确定齿条安装位置和厚度尺寸。对于由于工艺限制需拼接的车床齿条，需用标准齿条进行跨接校正，如图 4-35 所示。校正时两齿条结合端面应留有 0.5 mm 左右的间隙。

5. 检查纵走刀小齿轮与齿条在床鞍全长上的啮合间隙

间隙一致后确定每个齿条位置并配定位销钉。

四、安装进给箱、托架

1. 调整进给箱和后托架、丝杠安装孔中心线与床身导轨的平行度

如图 4-33 所示，检查进给箱和后托架丝杠安装孔中心线。其对床身导轨的平行度公差：上母线 0.02 mm/100 mm（只许前端上偏），侧母线 0.01 mm/100 mm（只许偏向床身）。若超差，则通过刮削进给箱和后托架与床身结合面来调整。

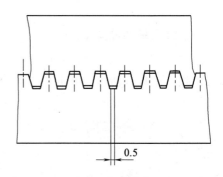

图 4-35 齿条跨接校正

2. 调整进给箱、溜板箱和后托架三者丝杠安装孔的同轴度

如图 4-36 所示，在进给箱、溜板箱和后托架三者丝杠安装孔各装入配合间隙不大于 0.005 mm 的心轴（外伸量要相等），以溜板箱上的开合螺母孔中心线为基准，通过抬高或降低进给箱和后托架丝杠安装孔中心线，调整三孔同轴度，使上母线直线度误差 ≤0.02 mm/100 mm。横向移出或推进床鞍，调整三孔同轴度，使侧母线测量误差 ≤0.01 mm/100 mm。

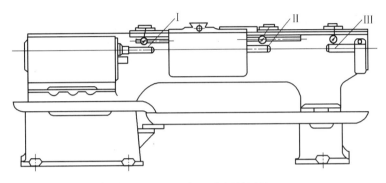

图 4-36 丝杠三点同轴测量

3. 配作定位销

调整合格后，为确保位置不变，进给箱、溜板箱和后托架配作定位销。

五、安装主轴箱

如图 4-37 所示，在主轴锥孔中插入 5 号莫氏锥度检验心轴，百分表座吸在刀架下滑座上，分别对心轴上母线和侧母线测量，百分表在全长上（300 mm）的读数差应符合：上母线直线度误差 ≤0.03 mm/300 mm，只许检验心轴外端向上抬起（俗称抬头），超差则刮削底平面；侧母线直线度误差 ≤0.015 mm/300 mm，只许检验心轴偏向操作者（俗称里勾），超差则刮削凸块侧面。

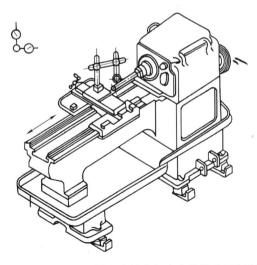

图 4-37 测量主轴锥孔轴线与床身导轨的平行度

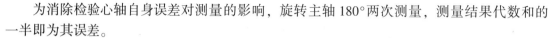

　　为消除检验心轴自身误差对测量的影响，旋转主轴 180°两次测量，测量结果代数和的一半即为其误差。

　　调整合格后，为确保位置不变，应均匀拧紧螺栓。

评分标准

序号	项目与技术要求	配分	评分标准	检测结果	得分
1	导轨几何精度复检	10	达不到技术要求不得分		
2	校正开合螺母中心线与床身导轨的平行度	10	达不到技术要求不得分		
3	溜板箱左右位置确定	10	达不到技术要求不得分		
4	安装齿条并定位	10	达不到技术要求不得分		
5	调整进给箱和后托架丝杠安装孔中心线与床身导轨的平行度	10	达不到技术要求不得分		
6	调整进给箱、溜板箱和后托架三者丝杠安装孔的同轴度并定位	15	达不到技术要求不得分		
7	主轴上母线和侧母线测量	10	达不到技术要求不得分		
8	主轴箱调整与刮削	15	达不到技术要求不得分		
9	安全文明操作	10	酌情扣分		

〔知识链接〕

零件的密封性试验

　　对于某些要求密封的零件，如机床的液压元件、油缸、阀体、泵体等，要求在一定压力下不允许发生漏油、漏气或漏水的现象，也就是要求这些零件在一定的压力下具有可靠的密封性，而零件在铸造过程中出现的砂眼、气孔及疏松等缺陷，常使液体或气体产生渗漏。因此在装配前应进行密封性试验，否则将给机器的质量带来很大的影响。

　　成批生产应对零件进行抽查，对加工表面有明显的疏松、砂眼、气孔、裂痕等缺陷的零件，不能轻易放过。密封试验有气压法和液压法两种，试验压力可按图样或工艺文件规定。

　　一、气压法

　　如图 4-38 所示，气压法适用于承受工作压力较小的零件。试验前，将零件各孔全部封闭（用压盖或塞头），然后浸入水中，并向工件内部通入压缩空气。此时密封的零件在水中应没有气泡。当有渗漏时，可根据气泡密度来判定零件是否符合技术要求。

二、液压法

对于容积较小的密封零件，可采用手动油泵进行液压试验，如图4-39所示。试验前，两端装好密封圈和端盖，并用螺钉均匀紧固，各螺钉孔用锥螺塞拧紧，然后检查各部分是否有泄漏、渗透等现象，即可判定阀体的密封性。

对于容积较大的零件，可采用机动油泵试验。

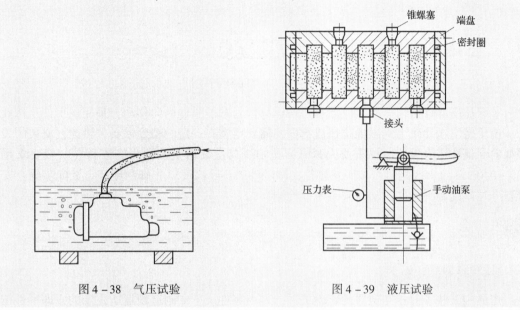

图4-38 气压试验　　　　　　　图4-39 液压试验

课题4　尾座安装

学习目标

1. 了解尾座的装配技术要求及要点
2. 掌握尾座的装配方法及精度的检测
3. 明确装配尺寸链的计算方法

学习任务

如图4-40所示是车床尾座装配图。该部件在机床尾座导轨上安装后，其尾座孔中（莫氏4号锥度）可安装孔加工工具及顶尖，完成钻、扩、铰孔，攻螺纹、套螺纹及实现顶持工件、车锥度等任务。根据技术要求完成该机构安装。

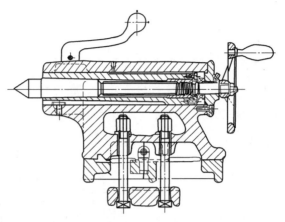

图 4 – 40　车床尾座装配图

车床尾座部件结构简单，以床身上尾座导轨为基准实现纵向移动，来完成工件顶持及加工。由于尾座在导轨上来回推拉造成磨损，需要尾座有一定的精度储备，因此，安装的关键是如何保证在床身导轨上尾座顶尖套筒锥孔轴线与主轴箱主轴轴线的等高（一般要求尾座高0～0.06 mm），装配时需按照主轴箱主轴轴线的实际高度尺寸修刮尾座。装配步骤：安装准备→尾座配刮→精度检验→安装尾座。

相关知识

一、尺寸链的概念

产品中某些零件相互位置的正确关系，是由零件尺寸和制造精度所决定的，即零件精度直接影响装配精度。

如图 4 –41a 所示，齿轮孔与轴配合间隙 A_Δ 的大小，与孔径 A_1 及轴径 A_2 的大小有关；如图 4 –41b 所示，齿轮端面和箱内壁凸台端面配合间隙 B_Δ 的大小，与箱内壁凸台端面距离尺寸 B_1、齿轮宽度 B_2 及垫圈厚度 B_3 的大小有关；如图 4 –41c 所示，机床床鞍和导轨之间配合间隙 C_Δ 的大小，与尺寸 C_1、C_2 及 C_3 的大小有关。

这些影响某一装配精度的有关尺寸彼此按顺序连接起来，构成了一个封闭的外形。

在机器装配（或零件加工）过程中，由相互联系的尺寸形成的封闭尺寸组，称为装配（零件）尺寸链。

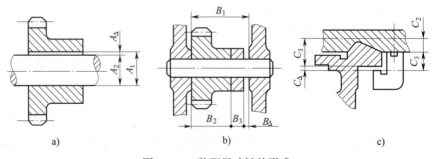

a)　　　　　　　　　　b)　　　　　　　　　　c)

图 4 –41　装配尺寸链的形成

二、尺寸链简图

如图 4 - 41 所示装配尺寸链虽然直观，但绘制不方便。如图 4 - 42 所示，只示意性地绘出各尺寸间的相互关系，形成尺寸链简图，简单明了。

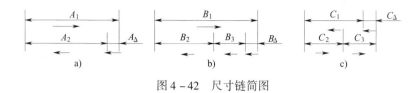

图 4 - 42　尺寸链简图

三、尺寸链的组成及计算

1. 环

构成尺寸链的每一个尺寸称为环。

2. 封闭环

在机器装配（或零件加工）过程中，最后自然形成（间接获得）的尺寸叫封闭环。一个尺寸链中只有一个封闭环。装配尺寸链中，封闭环即装配技术要求。图 4 - 41 中 A_Δ、B_Δ、C_Δ 就是封闭环。

3. 组成环

除封闭环之外的其余尺寸叫组成环。如图 4 - 41 中的 A_1、A_2、B_1、B_2、B_3、C_1、C_2、C_3 即为组成环。

4. 增环、减环

在其他组成环不变的条件下，当某组成环增大时，封闭环随之增大的环叫增环，如图 4 - 41 中的 A_1、B_1、C_2、C_3；反之为减环，如图 4 - 41 中的 A_2、B_2、B_3、C_1。

其判断也可用如图 4 - 42 所示的尺寸链简图，凡与封闭环箭头方向相反的为增环，反之为减环。

5. 封闭环极限尺寸及公差

由图 4 - 42 可知：

封闭环的基本尺寸 = 所有增环基本尺寸之和 - 所有减环基本尺寸之和

封闭环的最大极限尺寸 = 所有增环最大极限尺寸之和 - 所有减环最小极限尺寸之和

封闭环的最小极限尺寸 = 所有增环最小极限尺寸之和 - 所有减环最大极限尺寸之和

封闭环的公差 = 所有组成环公差之和

例 1　如图 4 - 41b 所示齿轮轴装配中，要求装配后齿轮端面和箱体凸台端面之间有 0.1 ~ 0.3mm 的轴向间隙。已知 $B_1 = 80^{+0.1}_{0}$ mm，$B_2 = 60^{0}_{-0.06}$ mm，问 B_3 尺寸应控制在什么范围内才能满足装配要求？

解：根据题意绘制尺寸链简图，如图 4 - 43 所示。

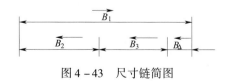

图 4 - 43　尺寸链简图

确定封闭环 B_Δ、增环 B_1、减环 B_2 和 B_3。

列尺寸链方程式，计算 B_3。

$$B_\Delta = B_1 - (B_2 + B_3)$$
$$B_3 = B_1 - B_2 - B_\Delta$$
$$= 80 - 60 - 0 \ \text{mm}$$
$$= 20 \ \text{mm}$$

确定 B_3 极限尺寸。

$$B_{\Delta max} = B_{1max} - (B_{2min} + B_{3min})$$
$$B_{3min} = B_{1max} - B_{2min} - B_{\Delta max}$$
$$= 80.1 - 59.94 - 0.3 \ \text{mm}$$
$$= 19.86 \ \text{mm}$$
$$B_{\Delta min} = B_{1min} - (B_{2max} + B_{3max})$$
$$B_{3max} = B_{1min} - B_{2max} - B_{\Delta min}$$
$$= 80 - 60 - 0.1 \ \text{mm}$$
$$= 19.9 \ \text{mm}$$
$$B_3 = 20^{-0.10}_{-0.14} \ \text{mm}$$

任务实施

一、装配前的准备工作

1. 看装配图，确定装配顺序（见学习任务）。

2. 按装配规程清理（洗）好结合面，并保持无异物进入安装面。

3. 准备工具、量具。

二、尾座配刮

1. 修刮尾座体与底板贴合面至要求后（接触点：4~6 点/25 mm × 25 mm），按图 4 - 40 完成尾座装配。

2. 按如图 4 - 44 所示测量尾座两项精度。

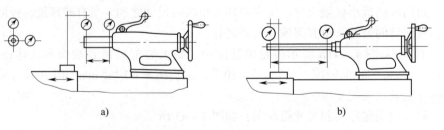

a)   b)

图 4 - 44　顶尖套筒轴线对床身导轨平行度测量

（1）床鞍移动对尾座顶尖套筒伸出方向的平行度

1）摇动手轮，使顶尖套伸出尾座体 100 mm，并与尾座体锁紧。

2）移动床鞍，使其上的百分表分别在套筒上母线和侧母线测量，测得的读数差即为平行度误差。床鞍移动对尾座顶尖套筒伸出方向的平行度误差≤上母线 0.01 mm/100 mm（只许抬头），侧母线 0.03 mm/100 mm（只许里勾）。

3）若超差则配刮尾座底板。

（2）床鞍移动对尾座顶尖套筒锥孔轴线的平行度

1）在尾座套筒内插入一个 300 mm 长度的莫氏 4 号心轴，套筒退回尾座体并锁紧。

2）移动床鞍，使其上的百分表分别在心轴上母线和侧母线测量，测得的读数差即为平行度误差。床鞍移动对尾座顶尖套筒锥孔轴线的平行度误差≤上母线 0.03 mm/100 mm（只许抬头），侧母线 0.03 mm/100 mm（只许里勾）。

3）退出检验棒，转 180°再插入检验一次，两次测得数值代数和之半，即为该项误差。

4）若超差则配刮尾座底板。

三、精度检验

按如图 4 - 45 所示测主轴锥孔轴线和尾座顶尖套筒锥孔轴线对床身导轨的等高度。

1. 在主轴箱主轴锥孔内插入顶尖并校正其与主轴轴线的同轴度。

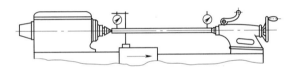

图 4 - 45 测主轴锥孔轴线和尾座顶尖套筒锥孔轴线对床身导轨的等高度

2. 在尾座顶尖套筒锥孔内插入顶尖并校正其与尾座顶尖套筒锥孔轴线的同轴度。

3. 在两顶尖间顶一标准圆柱检验棒。

4. 先移动床鞍，以其上的百分表在侧母线测得的读数为依据，校正检验棒与床身导轨在水平面内平行。

5. 再移动床鞍，使其上的百分表在检验棒两端上母线测量，测得的读数差即为主轴锥孔轴线和尾座顶尖套筒锥孔轴线对床身导轨的等高度。

6. 取出各顶尖，转过 180°重新检验一次，两次测得数值代数和之半，即为该项误差。

7. 若尾座高超差则配刮尾座底板；若主轴箱高超差则配刮主轴箱安装面（见图 4 - 46）。

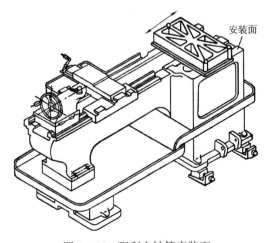

图 4 - 46 配刮主轴箱安装面

四、安装尾座

根据装配要求，完成车床尾座在床身上的安装。若配刮主轴箱安装面，则应按要求进行重新安装。

评分标准

序号	项目与技术要求	配分	评分标准	检测结果	得分
1	修刮尾座体与底板贴合面	10	达不到要求不得分		
2	尾座装配	10	总体评定		
3	床鞍移动对尾座顶尖套筒伸出方向的平行度，并配刮尾座底板	20	达不到要求不得分		
4	床鞍移动对尾座顶尖套筒锥孔轴线的平行度，并配刮尾座底板	20	达不到要求不得分		
5	主轴锥孔轴线和尾座顶尖套筒锥孔轴线对床身导轨的等高度，并配刮尾座底板或主轴箱安装面	30	达不到要求不得分		
6	安全文明操作	10	酌情扣分		

〔知识链接〕

装配尺寸链解法

根据装配精度（封闭环公差）对有关尺寸链进行正确分析，合理分配各组成环公差的过程即解尺寸链。它是保证装配精度、降低产品制造成本、正确选择装配方法的重要依据。

一、完全互换法解尺寸链

按完全互换法的要求解有关的装配尺寸链，叫完全互换法解尺寸链。此时装配精度由零件制造精度来保证。

例2　如图4-47a所示为齿轮轴装配图，装配要求是轴向窜动量为 $A_\Delta = 0 \sim 0.7$ mm。已知 $A_1 = 100$ mm，$A_2 = 50$ mm，$A_3 = A_5 = 5$ mm，$A_4 = 139$ mm，试用完全互换法解尺寸链。

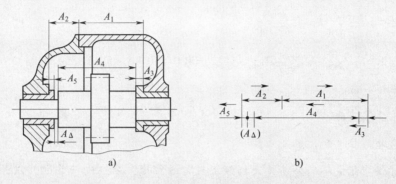

图4-47　齿轮轴装配图

解：（1）绘出尺寸链简图（见图4-47b），其中 A_1、A_2 为增环，A_3、A_4、A_5 为减环，A_Δ 为封闭环。

（2）封闭环的基本尺寸及公差

$$A_\Delta = (A_1 + A_2) - (A_3 + A_4 + A_5)$$
$$= (100 + 50) - (5 + 139 + 5) \text{ mm}$$
$$= 1 \text{ mm}$$

$$T_\Delta = A_{\Delta max} - A_{\Delta min}$$
$$= (1 + 0.7) - 1 \text{ mm}$$
$$= 0.7 \text{ mm}$$

（3）各组成环公差。根据其结构的工艺特点及加工的难易程度，对各组成环公差进行分配和调整。

$$T_{平均} = T_\Delta / m = 0.7/5 \text{ mm} = 0.14 \text{ mm}$$

由于 A_3、A_5 尺寸小，易加工，其公差在此基础上可适当减小，$T_{A3} = T_{A5} = 0.08$ mm。尺寸 A_1、A_2 加工较难控制，公差在此基础上增大，$T_{A1} = T_{A2} = 0.2$ mm，$T_{A4} = 0.14$ mm

（4）各组成环的上、下偏差。根据基准孔、基准轴的形式：

$A_1 = 100^{+0.2}_{0}$ mm　　$A_2 = 50^{+0.2}_{0}$ mm　　$A_3 = A_5 = 5^{0}_{-0.08}$ mm　　A_4 待求

$$A_{\Delta max} = (A_{1max} + A_{2max}) - (A_{3min} + A_{4min} + A_{5min})$$

$$A_{4min} = A_{1max} + A_{2max} - A_{3min} - A_{5min} - A_{\Delta max}$$

$$= 100.2 + 50.2 - 4.92 - 4.92 - 1.7 \text{ mm}$$

$$= 138.86 \text{ mm}$$

$$A_{\Delta min} = (A_{1min} + A_{2min}) - (A_{3max} + A_{4max} + A_{5max})$$

$$A_{4max} = A_{1min} + A_{2min} - A_{3max} - A_{5max} - A_{\Delta min} = 100 + 50 - 5 - 5 - 1 \text{ mm}$$

$$= 139 \text{ mm}$$

$$A_4 = 139_{-0.14}^{0} \text{ mm}$$

二、分组选择装配法解尺寸链

将尺寸链中组成环的公差放大到经济可行的程度，分组进行装配，以保证规定的装配精度的方法，叫分组选择装配法。装配质量不取决于零件制造公差，而取决于分组数。

例3 如图 4-48 所示为某发动机内直径为 28 mm 的活塞销与活塞孔的装配示意图，要求：销与销孔在冷态装配时，应有 0.01～0.02 mm 的过盈量。试用分组装配法解该尺寸链，确定各组成环的偏差值。（孔、轴的经济公差均为 0.02 mm）

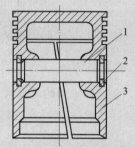

图 4-48　活塞销与活塞孔的
装配示意图
1—活塞销　2—挡圈　3—活塞

解：（1）先按完全互换法确定各组成环的公差和偏差值：

$$\delta_{\Delta} = (-0.01) - (-0.02) \text{ mm} = 0.01 \text{ mm}$$

取 $\delta_1 = \delta_2 = 0.005$ mm（等公差分配）

根据题意，活塞销的公差带为基轴制，分布位置应为单向负偏差：

$$A_1 = 28_{-0.005}^{0} \text{ mm}$$

画出轴、孔公差带图如图 4-49a 所示。相应地，销孔的尺寸由图 4-49a 所示可知为：

$$A_2 = 28_{-0.020}^{-0.015} \text{ mm}$$

（2）将得出的组成环的公差均放大 4 倍，得到 4×0.005 mm ＝0.02 mm 的经济公差。

（3）按相同方向扩大制造公差，得销的极限尺寸 $\phi 28_{-0.02}^{0}$ mm，销孔的极限尺寸 $\phi 28_{-0.035}^{-0.015}$ mm，如图 4-49b 所示。

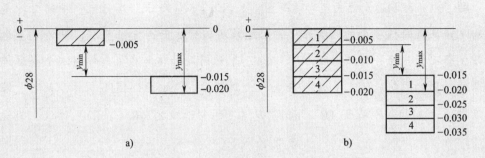

图 4-49 销与销孔的尺寸公差带

（4）制造后，按实际尺寸分四组，如图 4-49b 所示。装配时，大尺寸的孔与大尺寸的轴配合，小尺寸的孔与小尺寸的轴配合，各组配合的配合情况见表 4-1。因分组配合公差与允许配合公差相同，所以符合装配要求。

表 4-1 　　　　　　　　　　各组配合的配合情况 　　　　　　　　　　　　 mm

组别	活塞销直径	活塞销孔直径	配合情况	
			最小过盈	最大过盈
1	$\phi28^{\ 0}_{-0.005}$	$\phi28^{-0.015}_{-0.020}$		
2	$\phi28^{-0.005}_{-0.010}$	$\phi28^{-0.020}_{-0.025}$	0.010	0.020
3	$\phi28^{-0.010}_{-0.015}$	$\phi28^{-0.025}_{-0.030}$		
4	$\phi28^{-0.015}_{-0.020}$	$\phi28^{-0.030}_{-0.035}$		

三、修配法解尺寸链

采用修配法时，尺寸链各尺寸均按经济公差制造。装配时，封闭环的总误差有时会超出规定的允许范围，为了达到规定的装配精度，必须把尺寸链中某一零件加以修配，才能予以补偿。要进行修配的组成环称为修配环，也称补偿环。通常选择容易加工修配，并且对其他尺寸没有影响的零件作为修配环。

修配法解尺寸链的主要任务是确定修配环在加工时的实际尺寸，保证修配时有足够的、而且是最小的修配量。

例 4 如图 4-50 所示，为保证精确度要求，卧式车床前后顶尖中心线只允许尾座高出 0~0.06 mm。已知 $A_1 = 202$ mm、$A_2 = 46$ mm、$A_3 = 156$ mm，组成环经济公差分别为 $\delta_1 = \delta_3 = 0.1$ mm（镗模加工），$\delta_2 = 0.5$ mm（半精刨）。试用修配法解该尺寸链。

解：（1）根据题意画出尺寸链简图，如图4-51a所示。实际生产中通常把尾座体和尾座底板的接触面先配制好，并以尾座底板的底面为定位基准，精镗尾座体上的顶尖套孔，其经济加工精度为0.1 mm，装配时尾座体与底板是作为一个整体进入总装的。因此原组成环 A_2 和 A_3 合并成一个新环 $A_{2,3}$，如图4-51b所示。此时，装配精度取决于 A_1 的制造精度（0.1 mm）及 $A_{2,3}$ 的制造精度（0.1 mm）。选 $A_{2,3}$ 为修配环。

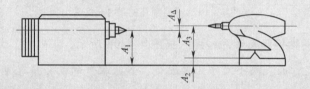

图4-50 修刮尾座底板图

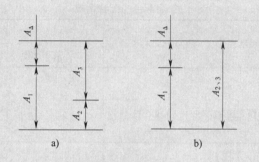

图4-51 前后顶尖中心线尺寸链简图

（2）根据经济精度确定各组成环的制造公差及公差带分布位置，如图4-52所示为刮前余量示意图。

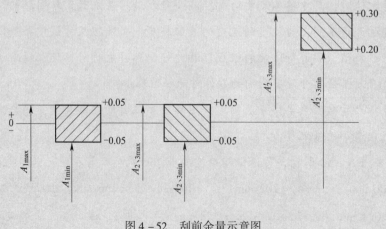

图4-52 刮前余量示意图

$$A_1 = （202 \pm 0.05）\text{ mm}$$

$$A_{2、3} = A_2 + A_3 = （46 + 156）\pm 0.05 \text{ mm} = 202 \pm 0.05 \text{ mm}$$

（3）确定修配环尺寸。对 A_1、$A_{2、3}$ 的极限尺寸分析可知，当

$$A_{1\min} = 201.95 \text{ mm}$$

$$A_{2、3\max} = 202.05 \text{ mm}$$

时要满足装配要求，$A_{2、3}$ 有 $0.04 \sim 0.10$ mm 的刮削余量，刮削后 A_Δ 为 $0 \sim 0.06$ mm。当

$$A_{1\max} = 202.05 \text{ mm}$$

$$A_{2、3\min} = 201.95 \text{ mm}$$

时则已无刮削余量。

要保证必要的刮削余量，就应将 $A_{2、3}$ 的极限尺寸加大；为保证有合适的余量，最小刮削余量不应小于 0.15 mm。这样，为保证当 $A_{1\max} = 202.05$ mm 时仍有 0.15 mm 刮削余量，则应使 $A'_{2、3\min} = 202.05 + 0.15$ mm $= 202.2$ mm

考虑到 $A_{2、3}$ 的制造公差，则

$$A'_{2、3\max} = 202.2 + 0.1 \text{ mm} = 202.3 \text{ mm}$$

所以修配环的实际尺寸为

$$A'_{2、3} = 202^{+0.3}_{+0.2} \text{ mm}$$

（4）计算最大刮削量。由图可知，当 $A'_{2、3\max} = 202.3$ mm，$A_{1\min} = 201.95$ mm 时，如要满足装配要求，$A'_{2、3\max}$ 应刮至 $201.95 \sim 202.01$ mm，刮削量为 $0.29 \sim 0.35$ mm，此时余量就为最大刮削余量。

四、调整法解尺寸链

1. 可动调整法

仅用改变某零件的位置即可达到装配精度。如图 4-17 所示的中拖板，若要调整横向进给刀架间隙，只需调整楔铁前后位置即可达到要求，调整方便。

2. 固定调整法

根据装配需要在尺寸链中选定一个或加入一个零件作为调整环用于补偿，从而保证所需的装配精度。如图 4-47 所示通过增减左右两个轴承凸肩的厚度尺寸来控制机器装配精度。常用的调整件有垫圈、垫片、轴套等。

课题 5　　其他部件安装

学习目标

1. 了解丝杠、光杠及刀架的装配技术要求
2. 掌握丝杠、光杠及刀架的装配工艺和精度的检测

学习任务

如图 4 – 53 所示为 CA6140 型车床丝杠、光杠、开关杠安装图；如图 4 – 54 所示是刀架结构图。丝杠、光杠在车床上分别完成准确车螺纹和进给运动的传递任务；开关杠完成正转、停车、反转任务；通过丝杠和光杠传来的运动由刀架带动刀具完成对工件的切削。根据装配要求完成三杠和刀架部件安装。

图 4 – 53　CA6140 型车床丝杠、光杠、开关杠安装图

丝杠、光杠、开关杠都属于细长轴类零件，两端均靠轴承支撑，溜板箱、进给箱、后支架的三个支撑孔同轴度校正后就可安装丝杠、光杠、开关杠。装配步骤是：安装丝杠→安装光杠→安装开关杠。

刀架是安装刀具直接承受切削力的部件，完成刀具准确换位。刀架导轨运动的直线精度和在垂直平面内刀架移动与主轴轴线应保持平行，这是装配的关键。装配步骤是：刮上刀架底板表面→刮刀架转盘表面及上刀架底板表面→刮刀架座表面→刮刀架转盘表面→刀架装配。

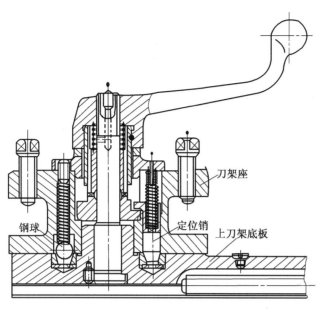

图 4 - 54　刀架结构图

刀架座

钢球　　　　定位销　　上刀架底板

任务实施

一、装配前的准备工作

1. 看装配图，确定装配顺序（见学习任务）。

2. 按装配规程清理（洗）好结合面，并保持无异物进入安装面。

3. 准备工具、量具。

二、丝杠的装配和检验

丝杠的安装是在溜板箱、进给箱、后支架的三个支撑孔同轴度校正后进行的。装入后应检查如下精度。

1. 测量丝杠两轴承轴线和开合螺母轴线对床身导轨的等距度

技术要求：上母线 0.15 mm，侧母线 0.15 mm，如图 4 - 55 所示。

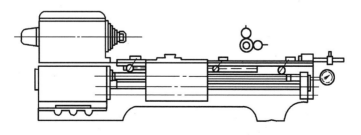

图 4 - 55　丝杠与导轨等距度及轴向窜动的测量

用专用测量工具在丝杠两端和中间 3 处测量。3 个位置中对导轨相对距离的最大差值，就是等距度误差。测量时应注意以下问题。

（1）在开合螺母合上的时候测量（开合螺母打开时，丝杠因本身质量、弯曲等因素存在较大的测量误差）。

（2）打开开合螺母时只是检测左右两端支撑的距离。在检测中，同时要注意到丝杠外径的径向圆跳动量，在每次测量时将丝杠回转至跳动值为中间值的位置上。

（3）溜板箱的测量位置一般均放在床身中间，因为丝杠的挠度在此处最大。

2. 丝杠的轴向窜动测量方法（见图 4 – 55）

在丝杠后端的中心孔内装入一个钢球（可用黄油黏住），百分表顶在钢球上，合上开合螺母，使丝杠转动，测得窜动值。丝杠的轴向窜动量为 0.015 mm。

测量时，先要控制丝杠的轴向游隙，只要左、右移动溜板箱就能测得。如游隙过大，可通过进给箱连接轴上的螺母进行调整。对工作转速较低的机床，最大游隙也不得超过 0.02 mm。

3. 配作定位销孔

调整合格后，配钻、铰定位销孔，以保证位置不变。

三、光杠、开关杠的安装

参照丝杠的安装方法。

四、刀架部件的装配

1. 在平板上刮研上刀架底板表面 2

技术要求：平面度公差为 0.02 mm，接触点为 10 ~ 12 点／（25 mm ×25 mm）。上刀架底板如图 4 – 56 所示。

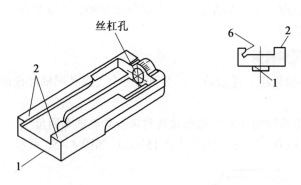

图 4 – 56　上刀架底板

2. 刮刀架转盘表面 3、4、5（见图 4 –57）及上刀架底板表面 6（见图 4 –56）

刀架转盘表面及上刀架底板表面：平面度公差为 0.02 mm，直线度公差为 0.01 mm，平行度公差为 0.03 mm/100 mm，接触点为 10 ~ 12 点／（25 mm ×25 mm）。

（1）用上刀架底板及角度底座配合刮研表面 3、4、5。

（2）表面 4 的直线度测量方法如图 4 – 21 所示。表面 5 对 3、4 的平行度测量方法如图

4 – 57 所示。

（3）各表面的精刮配合楔铁一起完成，如图 4 – 19 所示。

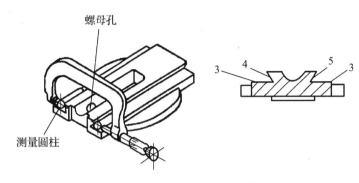

图 4 – 57　测量燕尾平行度

（4）综合检验。将楔铁调节适当，上刀架底部的移动应无轻、重现象，即使拉出刀架中部的一半长度，也不应有松动现象。

3.　刮刀架转盘表面 7（见图 4 – 58）

（1）按图 4 – 59 所示以刀架下滑座的表面为基准刮研刀架转盘表面 7，并测量表面 7 相对于表面 3 的平行度。测量时使刀架回转 180°校核。

（2）测量位置应接近主轴箱一端，以符合实际使用情况。

（3）接触面间用 0.03 mm 塞尺检查，不得插入。

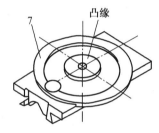

图 4 – 58　刀架转盘

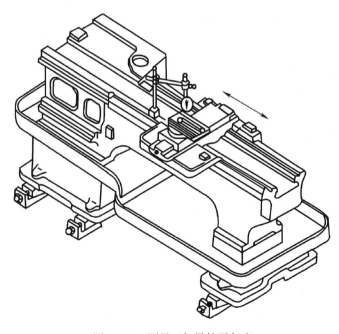

图 4 – 59　测量刀架导轨平行度

4. 刮刀架座表面8

如图4-60所示为刀架座，表面8对定心轴孔的垂直度公差为0.01 mm，平面度公差为0.02 mm，接触点8~10点／（25 mm×25 mm）。

（1）表面8与上刀架底板表面配刮。因为刀架座在夹持刀具时会发生变形，所以使其4个角上的接触点淡一些。也可夹上刀后，再刮去其变形量。

（2）接触面间用0.03 mm塞尺检查，不得插入。

（3）装定位销。检查定位销与销孔质量，配合不得出现松动现象。

5. 装配刀架

按如图4-54所示装配刀架。装配后上刀架移动对主轴轴线的平行度：全部行程上0.04 mm。

刀架部件安装以后，按如图4-61所示移动上刀架，测量它与主轴轴线的平行度，然后将百分表顶在检验心轴的侧母线上校直，刻"0"度线。

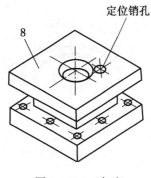

图4-60　刀架座

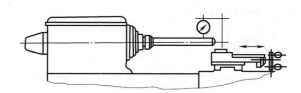

图4-61　上刀架移动对主轴中心线的平行度测量

6. 安装其他机构

根据装配要求，安装电动机、挂轮架、安全防护装置和操纵机构等。

评分标准

序号	项目与技术要求	配分	评分标准	检测结果	得分
1	测量丝杠两轴承轴线和开合螺母轴线对床身导轨的等距度	10	达不到要求不得分		
2	丝杠的轴向窜动测量	10	达不到要求不得分		
3	在平板上刮研上刀架底板表面2	15	达不到要求不得分		

续表

序号	项目与技术要求	配分	评分标准	检测结果	得分
4	刮刀架转盘表面3、4、5及上刀架底板表面6	20	达不到要求不得分		
5	刮刀架转盘表面7	15	达不到要求不得分		
6	刮刀架座表面8	15	达不到要求不得分		
7	安装刀架	5	总体评定		
8	安全文明生产	10	酌情扣分		

[知识链接]

修理机床导轨精度时应注意的问题

普通车床的装配是以床身导轨面作为整个车床的测量基准，去校正、装配主轴箱、进给箱、溜板箱、三杠托架及齿条等，使这些部件固定在床身上以后，各个部件之间的传动位置保持平行度、垂直度要求。

在修理车床床身导轨面时，为了保证在修复导轨面精度的同时恢复它和传动部件之间的相互关系，并且在以后的修理工艺中，不需要再去重新校正其他部件在床身上原来的装配位置，必须利用床身上那些没有磨损的安装表面（即保持车床床身原来制造精度的表面）作为测量、修理的基准表面。在普通车床修理工艺中应明确规定车床床身上的进给箱、托架、齿条的安装表面作为修理基准面；同时兼顾主轴箱安装面。

如图 4-62 所示是修复床身导轨面时，只注意导轨的直线度，结果使床身导轨面相对于主轴箱安装面分别在垂直平面与水平面内倾斜了 α、β 角，造成了平行度误差。为了保持主轴箱主轴轴线与床身导轨的平行，就要修刮主轴箱的固定结合面。

如图 4-63 所示为床身导轨面修理后，由于没有恢复床身导轨面相对于进给箱、托架等安装表面的平行度要求，结果在车床总装时，造成丝杠、光杠甚至开关杠的轴线相对于床身导轨面的平行度误差。为了消除这类误差，在维修时，对床身导轨面相对于进给箱、托架等安装表面平行度的要求应相互兼顾。

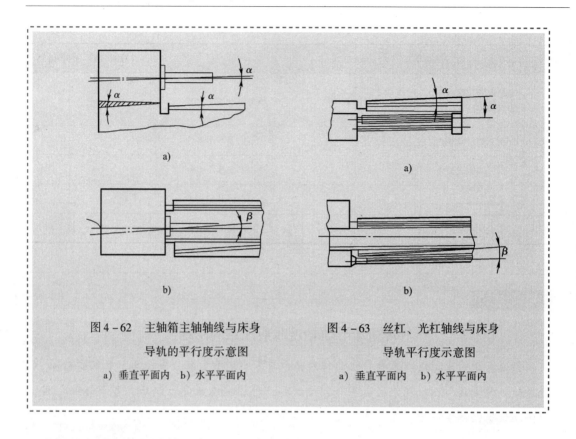

图 4-62　主轴箱主轴轴线与床身
导轨的平行度示意图
a）垂直平面内　b）水平平面内

图 4-63　丝杠、光杠轴线与床身
导轨平行度示意图
a）垂直平面内　b）水平平面内

课题 6　　试 车 验 收

学习目标

1. 了解试车内容及技术要求
2. 掌握振动、噪声的概念及预防

学习任务

　　车床总装以后，必须经过试车和验收，才能交付使用。卧式车床的试车和验收包括静态检查、空运转试验、负荷试验和精度检验四个方面。根据技术要求完成卧式车床的试车、检验。

　　试车的目的是检验机器运转的灵活性、振动、工作温升、噪声、转速、功率等性能参数是否符合设计要求。试车前应先对车床的可调节零件或机构的相互位置、配合间隙、贴合程度等进行调整，再对车床的几何精度进行检验，最后进行切削试验（试车）。在逐项做好精度检验的同时，认真做好记录。试车步骤：静态检查→空运转试验→负荷试验→精度检验。

任务实施

一、静态检查

静态检查是车床进行性能试验之前的检查，主要是检查车床各部件是否安全、可靠，以保证试车时不出事故。着重检查以下几个方面。

1. 用手转动各传动部件，应运转灵活。

2. 手柄和换向手柄应操纵灵活、定位准确、安全可靠。手轮或手柄转动时，其转动力用拉力器测量，不应超过 80 N。

3. 移动机构的反向空行程量应尽量不超过 1/20。如图 4 - 64 所示为刀架下滑座丝杠间隙的调整，先将左端螺母的螺钉拧松，然后用中间的螺钉将楔块拉上，调整至适当间隙后，再将左端螺母的螺钉拧紧。

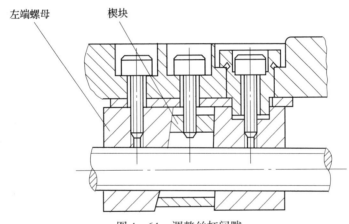

图 4 - 64　调整丝杠间隙

4. 刀架等在行程范围内移动时，应轻重均匀和平稳。

5. 顶尖套在尾座孔中进行全长伸缩时，应运动灵活而无阻滞，手轮转动轻快，锁紧机构灵敏无卡死现象。

6. 开合螺母机构开合准确可靠，无阻滞或过松的感觉。

7. 安全离合器应灵活可靠，在超负荷时，能及时切断运动。

8. 挂轮架交换齿轮间的侧隙适当，固定装置可靠。

9. 各部分的润滑加油孔有明显的标记，清洁畅通。油尺清洁，插入深度与松紧合适。

10. 电气设备的启动和停止应安全可靠。

二、运转试验

空运转试验是在无负荷状态下启动车床，检查主轴转速。从最低转速依次提高到最高转速，各级转速的运转时间不少于 5 min，最高转速的运转时间不少于 30 min。同时，对机床的进给机构也要进行低、中、高进给量的空运转，并检查润滑油泵输油情况。车床空运转时应满足以下要求。

1. 在各级转速下，车床的各部分工作机构应运转正常，不应有明显的振动。各操纵机构应平稳、可靠。

2. 检查摩擦离合器，若过松容易打滑发热，启动不灵；过紧则失去保险作用，操纵费力。调整时，先将定位销按入圆筒内，这时才能拧动紧定螺母，调整到需要的位置上。调整后定位销必须弹回到紧定螺母的一个切口中，如图4-65所示。

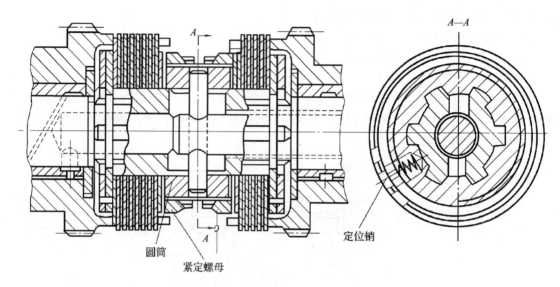

图4-65 调整摩擦离合器

3. 润滑系统正常、畅通、可靠、无泄漏现象。

4. 防护装置和保险装置安全可靠。溜板箱的脱落蜗杆装置手柄应灵活可靠，按定位挡铁的位置能自行停止，调整方法如图4-66所示。用特殊扳手调整螺母，如果机床过载或碰到挡铁而蜗杆不能脱落时，可松开螺母；当蜗杆在进给量不大却自行脱落时，则应旋进螺母以压紧弹簧。弹簧不能压得太紧，否则过载时不起作用，甚至损坏机床。

5. 在主轴轴承达到稳定温度（即热平衡状态）时，轴承的温度和温升均不得超过如下规定：滑动轴承温度60 ℃，温升30 ℃；滚动轴承温度70 ℃，温升40 ℃。

三、负荷试验

车床经空运转试验合格后，将其调至中速（最高转速的1/2或高于1/2的相邻一级转速）下继续运转，待其达到热平衡状态时，则可进行负荷试验。

1. 全负荷强度试验

全负荷强度试验的目的是考核车床主传动系统能否输出设计所允许的最大扭转力矩和功率。试验技术要求如下。

材料：45钢，尺寸$\phi100$ mm × 250 mm；刀具：45°标准硬质合金（YT5）右偏刀；切削用量：主轴转速$n = 57$ r/min，背吃刀量$a_p = 12$ mm，进给量$f = 1$ mm/r，切削长度$L = 95$ mm；装夹方式：一夹一顶。

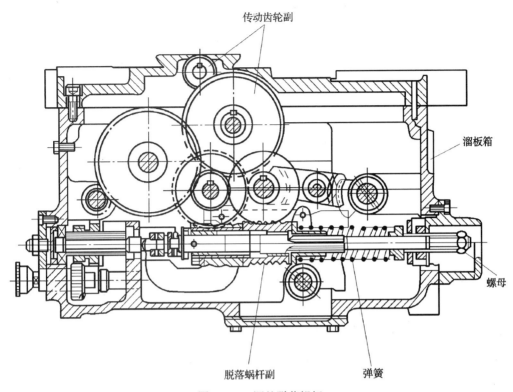

图 4 – 66　调整脱落蜗杆

在全负荷试验时，车床所有机构均应工作正常，动作平稳，不准有振动和噪声。主轴转速不得比空转时降低 5% 以上。各手柄不得有颤抖和自动换位现象。试验时，允许将摩擦离合器调紧 2~3 孔，待切削完毕再松开至正常位置。

2. 精车外圆试验

精车外圆试验的目的是检验车床在正常工作温度下，主轴轴线与床鞍移动轨迹是否平行，主轴的旋转精度是否合格。

试验技术要求如下。

材料：45 钢，尺寸 $\phi 80$ mm × 250 mm；刀具：高速钢车刀；切削用量：主轴转速 $n = 390$ r/min，背吃刀量 $a_p = 0.2$ mm，进给量 $f = 0.1$ mm/r，切削长度 $L = 150$ mm；装夹方式：卡盘夹持。

精车后试件：圆度误差 ≤ 0.01 mm，圆柱度误差 ≤ 0.01 mm/100 mm。表面粗糙度值 Ra 不大于 3.2 μm。

3. 精车端面试验

精车端面试验应在精车外圆合格后进行，其目的是检查车床在正常工作温度下，刀架横向移动轨迹对主轴轴线的垂直度和横向导轨的直线度。

试验技术要求如下。

材料：铸铁，尺寸 $\phi 250$ mm × 30 mm；刀具：45° 硬质合金右偏刀；切削用量：主轴转速 $n = 200$ r/min，背吃刀量 $a_p = 0.2$ mm，进给量 $f = 0.15$ mm/r，切削长度 $L = 125$ mm；装

夹方式：卡盘夹持。

精车端面后试件平面度不大于 0.02 mm（只许凹）。

4. 切槽试验

切槽试验的目的是考核车床主轴系统及刀架系统的抗振性能，检查主轴部件的装配精度和旋转精度，检验床鞍刀架系统刮研配合面的接触质量及配合间隙的调整是否合格。

试验技术要求如下。

材料：45 钢，尺寸 $\phi80$ mm × 150 mm；刀具：标准切断刀，刀刃宽度 5 mm；切削用量：主轴转速 $n = 200$ r/min，背吃刀量 $a_p = 5$ mm，进给量 $f = 0.15$ mm/r，切削长度 $L = 40$ mm；装夹方式：卡盘夹持。

在距卡盘端 $(1.5 \sim 2)d$ 处切槽（d 为工件直径），不应有明显振动和振痕。

5. 精车螺纹试验

精车螺纹试验的目的是检查车床螺纹加工传动系统的准确性。

试验技术要求如下。

材料：45 钢，尺寸 $\phi40$ mm × 500 mm；刀具：高速钢 60° 标准螺纹车刀；切削用量：主轴转速 $n = 19$ r/min，背吃刀量 $a_p = 0.02$ mm（最后精车），进给量 $f = 6$ mm/r；装夹方式：两端用顶尖。

精车螺纹试验精度要求：螺距累积误差应小于 0.025 mm/100 mm，表面粗糙度值 Ra 不大于 3.2 μm，无振动波纹。

四、精度检验

完成上述各项试验之后，在车床热平衡状态下，按 GB/T 4020—1997《卧式车床几何精度检验》规定逐项做好精度检验，认真做好记录，合格后方可出厂。

评分标准

序号	项目与技术要求	配分	评分标准	检测结果	得分
1	静态检查	13	总体评定		
2	空运转试验	13	总体评定		
3	精车外圆试验	12	达不到要求不得分		
4	精车端面试验	12	达不到要求不得分		
5	切槽试验	12	达不到要求不得分		
6	精车螺纹试验	12	达不到要求不得分		
7	精度检验	16	达不到要求不得分		
8	安全文明操作	10	酌情扣分		

〔知识链接〕

振动和噪声

振动和噪声既影响加工精度，又影响人的健康，是机械设备常见的一种故障。

一、振动

1. 原因分析

旋转机械的主要功能是由旋转部件来完成的，转子是其最主要的部件。旋转机械发生故障的主要特征是机器伴有异常的振动和噪声，其振动信号从幅域、频域和时域反映了机器的故障信息。由于旋转机械的结构及零部件设计加工、安装调试、维护检修等方面的原因和运行操作方面的失误，使得机器在运行过程中会发生振动，其振动类型可分为径向振动、轴向振动和扭转振动三类，其中过大的径向振动往往是造成机器损坏的主要原因。

2. 振动的基本类型

包括自由振动、强迫振动和自激振动。

（1）自由振动是由于外力突然变化或外界冲击等原因引起的，但这种振动是迅速衰减的，影响较小。

（2）强迫振动是由于外界周期性干扰力的作用而引起的不衰减振动。

（3）自激振动是按照系统的固有频率进行的不衰减振动。

3. 常用简易测振仪器

（1）位移型涡流式轴振动仪。这是一种非接触式，测量相对位移的振动仪，用来测量轴振动。一般将传感器安装在轴承座上，测量轴和轴承座之间的相对位移，对于高速、重大设备，必须直接监测轴的振动。在大型风机、压缩机、发电机组设备上，都装有这类测头。

（2）速度型传感器振动仪。速度型传感器主要是磁电式速度计。这是一种接触式传感器，用于测量轴承座、壳体等的振动，由于输出信号与被测物体的振动速度成正比，所以称为速度型传感器。速度型传感器主要用于测量低频振动。

（3）加速度型传感器振动仪。加速度型传感器也是接触式传感器，主要用来测量轴承振动。传感器的输出信号与被测物体的振动加速度成正比。加速度型传感器不仅能测低频振动，也能测中高频振动。通过电子间回路积分，也能测振动速度和振动位移，所以应用广泛。

4. 减小振动的措施

（1）隔振。把机外振源本身隔离起来，使之不向外传递。如刨床、冲床等产生的振动通过地基向外传递，安装时把它们安在隔振地基上；精密机床应远离这些机床，也安装在隔振地基上。常用的隔振材料有橡胶、金属弹性元件和软木等。

（2）消除工艺系统中回转零件的不平衡。

（3）提高机床传动链的制造精度。如减小啮合振动，提高齿轮的制造精度和装配质量，选用对振动冲击不敏感的材料（如胶木、塑料）以及镶嵌阻尼材料等来制造齿轮。

（4）增强工艺系统的刚度及阻尼。在机床或工艺结构设计时，应考虑工艺系统固有频率远离该系统的共振区，以免共振。如减小刀杆的悬伸长度、调整机床轴承或导轨间隙等。

（5）合理选择与切削过程有关的参数，如切削用量、刀具几何参数等，避免产生振动。

（6）提高工艺系统的抗振性。如提高机床的刚度，提高刀具的抗振性，提高工件安装时的刚度。

（7）采用消振装置，如冲击消振器、动力消振器、阻尼消振器、摩擦消振器等。

二、噪声

噪声是一类引起人烦躁或音量过强而危害人体健康的声音。它由各种不同频率成分的声音复合而成，具有声波的一切特性。

1. 产生的原因

（1）机械噪声。机床各个运转部件及箱体、罩壳等静止部件因受强迫振动和自激振动而产生的噪声。

（2）流体噪声。包括液压系统的噪声，如油泵、液压阀、管道由于流量和压力的波动、液压冲击和空穴现象所产生的噪声；空气动力噪声，如电动机的风扇、转子等高速旋转件对空气的扰动引起的噪声。

（3）电磁噪声。它主要由空隙中交变的电磁力相互作用产生振动，如电动机绕组、变压器、电磁铁等引起的噪声。

各个噪声源又是相互影响的，某个元件的振动往往又会成为另外一些元件的振源。它们相互影响会使噪声加大，特别是在发生共振时。

2. 降低噪声的途径

（1）消除和减少机械振动。噪声的产生是由于机械振动，因此最根本的途径是消除或减小振动。另外，对于箱壁、罩壳等大面积的薄壁件，在其他振动力的影响下，往往引起薄壁振动，这是机床噪声的主要来源之一。应适当增加肋板、减小薄壁面积来提高刚度，以便降低箱壁和罩壳的噪声。

（2）吸声。当机械运转发出噪声时，人们听到除了直接通过空气介质传来的直达噪声外，还有车间内由于墙壁、地面、天花板等壁面经多次反射而形成的反射噪声，即"混响声"。由于直达噪声和反射噪声的叠加作用，使噪声强度增加。如果在车间的内墙壁表面装上吸声材料，则声源发出的噪声入射到这些材料表面上时，就会被吸收一部分，减弱了反射噪声，从而使总的噪声降低。吸声材料有多孔性吸声材料，如玻璃棉、石棉、泡沫塑料、毛毡和木丝板等。

（3）隔声。所谓隔声就是将声源封闭在一个小的空间内，使它与周围环境隔绝，或者在声波传播的途径上用屏蔽物把它遮挡一部分。常用的设备有隔声罩、隔声板等。

（4）消声。噪声中有相当一部分是由急速气流产生的。在声源处控制气流噪声是相当困难的。因此常加装消声器来达到降噪的目的。